看图学西餐

法式料理技巧自学全书

看图学西餐
法式料理技巧自学全书

[法]玛丽安·马格尼-莫海恩　著　张静雯　译

图片: 皮埃尔·让瓦勒
插图: 雅尼斯·瓦胡狄斯托
工艺指导: 安妮·卡佐

北京出版集团公司
北京美术摄影出版社

目录

注：由于篇幅有限，本书准备过程中用到的原料及一些简单的制作步骤，并未逐一配备插图。

如何使用本书

基础部分

高汤、酱汁、调味底料、面团、基本食材等，是烹饪所有菜品的基础，所以我们在每一部分都有对烹饪基础的详细图片和文字介绍。

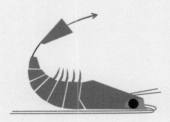

菜谱

运用上一部分的烹饪基础所制作而成的高级菜品，本章中的每一道菜都配有其所包含的烹饪基础注解，以及制作菜品详细步骤的插图。

操作要领（带插图）

本部分旨在帮助理解并加强对食材的使用能力，配以插图，对烹饪手法及操作要领展开详细的介绍。

基础部分

高汤
白色鸡高汤

要点解析

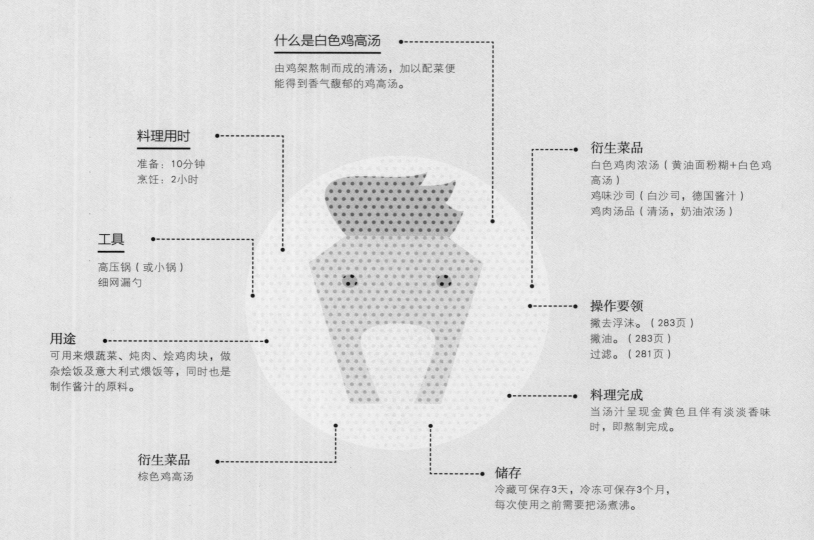

什么是白色鸡高汤

由鸡架熬制而成的清汤，加以配菜便能得到香气馥郁的鸡高汤。

料理用时

准备：10分钟
烹饪：2小时

工具

高压锅（或小锅）
细网漏勺

用途

可用来煨蔬菜、炖肉、烩鸡肉块，做杂烩饭及意大利式煨饭等，同时也是制作酱汁的原料。

衍生菜品

棕色鸡高汤

衍生菜品

白色鸡肉浓汤（黄油面粉糊+白色鸡高汤）
鸡味沙司（白沙司，德国酱汁）
鸡肉汤品（清汤，奶油浓汤）

操作要领

撇去浮沫。（283页）
撇油。（283页）
过滤。（281页）

料理完成

当汤汁呈现金黄色且伴有淡淡香味时，即熬制完成。

储存

冷藏可保存3天，冷冻可保存3个月，每次使用之前需要把汤煮沸。

为什么汤汁呈白色

和棕色汤汁相对应，鸡架在入水熬制前，是不用烤制上色的。美拉德反应（282页）中呈现的棕色的分子自然也就不存在了，汤汁因此未上色。

什么是熬汤

熬汤就是通过煮沸的水，将食材中的一些组成物质析出。随着水由凉变热再到沸腾，食材被充分利用，最终得到原汁清汤。

高汤里的味道从何而来

由于煮沸，蛋白质得以溶解在水中并转换形成带有味道的氨基酸。同样，在料理过程中，从肉中析出的脂肪也会吸取配菜的香味，从而使得高汤的味道更加饱满。

具体步骤

2升高汤

鸡高汤汤底

1.5千克鸡架或鸡翅膀
2.5升水

配菜

半个洋葱
1根胡萝卜
1段芹菜秆
1根韭葱
1根百里香细枝
1片月桂叶

作料

2克胡椒粉

1. 去除鸡架或鸡翅膀中带血的部分及脂肪，将配菜处理并清洗干净。
2. 将鸡架或鸡翅膀放入平底锅中并用冷水浸没，开火煮至沸腾，并及时撇去浮沫。
3. 加入蔬菜、百里香、月桂叶和胡椒粉，小火慢炖2个小时，其间需要不时地撇去浮沫和浮油。
4. 最后将汤汁过滤。

棕色小牛高汤

要点解析

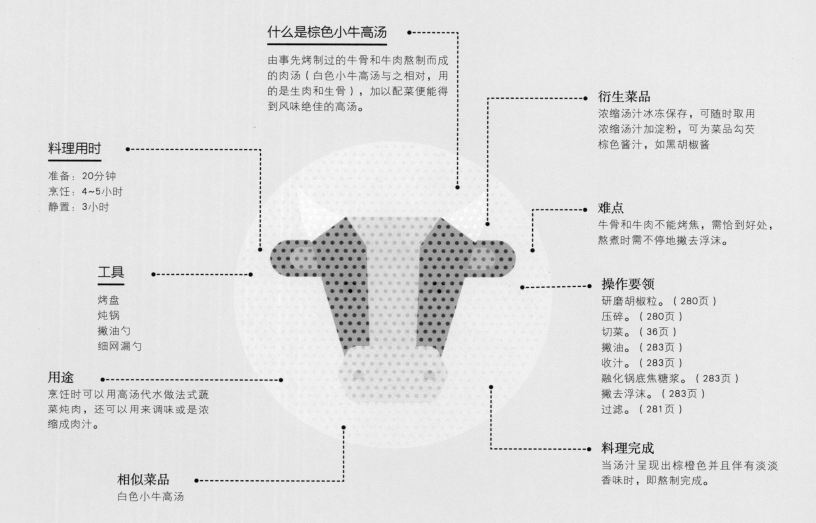

什么是棕色小牛高汤

由事先烤制过的牛骨和牛肉熬制而成的肉汤（白色小牛高汤与之相对，用的是生肉和生骨），加以配菜便能得到风味绝佳的高汤。

料理用时

准备：20分钟
烹饪：4~5小时
静置：3小时

工具

烤盘
炖锅
撇油勺
细网漏勺

用途

烹饪时可以用高汤代水做法式蔬菜炖肉，还可以用来调味或是浓缩成肉汁。

相似菜品

白色小牛高汤

衍生菜品

浓缩汤汁冰冻保存，可随时取用
浓缩汤汁加淀粉，可为菜品勾芡棕色酱汁，如黑胡椒酱

难点

牛骨和牛肉不能烤焦，需恰到好处，熬煮时需不停地撇去浮沫。

操作要领

研磨胡椒粒。（280页）
压碎。（280页）
切菜。（36页）
撇油。（283页）
收汁。（283页）
融化锅底焦糖浆。（283页）
撇去浮沫。（283页）
过滤。（281页）

料理完成

当汤汁呈现出棕橙色并且伴有淡淡香味时，即熬制完成。

为什么是棕色的汤汁

汤汁之所以呈现棕色，是因为在加水前，熬汤所用的牛肉就已经被烤制过。棕色是烤制后所带的颜色。

为什么肉要烤制上色

为了提升味道，呈现的棕色是由于烹饪过程中发生了美拉德反应（282页）。

为什么要将配菜切块

食材体积越大，化学反应中提炼化合物的过程就会越缓慢，成品味道也会更好。而且制高汤是个很漫长的过程，所以也不必把食物切成太小块（本道菜中切的就有一定厚度）。

为什么在熬制过程中，水位必须全程盖过牛骨

虽然要持续熬制4个多小时，从牛骨中提取化合物（绝大部分是胶原蛋白）的过程也要贯穿熬汤始末。所以要保证提取过程在水中进行，这样才能使析出的胶原蛋白成功转化成明胶，冷却后得到黏稠的胶状汤汁。

窍门

速制棕色小牛高汤：将牛肉和黄油一起在平底锅上煎至焦黄，随后取出。继续用此平底锅翻炒所需蔬菜，继而加入番茄酱，继续翻炒1~2分钟。然后用水解冻一些冰冻的高汤，和刚才的牛肉、蔬菜一起放到高压锅里。30分钟至1个小时后，过滤静置，就能得到理想的浓缩肉汁了。

储存

冷藏可保存3天，冷冻可保存3个月。每次使用之前需要把汤煮沸。

具体步骤

1.5升高汤

小牛高汤

1.5千克牛肉和牛骨（或是带骨的牛胸肉），切成最大为10厘米的小块
1.5升水

配菜

3根胡萝卜（250克）
1个大洋葱（200克）
2瓣蒜
60克番茄酱
2片月桂叶

作料

1茶匙胡椒粉（3克）

1. 烤箱预热至220℃，牛肉块码放在烤盘上入烤箱烤制45分钟左右，直到肉块变色。洗净蔬菜择摘净，捣蒜，将胡萝卜、洋葱切成块（不可过小），并将胡椒粉研磨待用。
2. 将番茄酱倒入烤盘并搅拌，然后加入胡萝卜、洋葱和蒜。注意！这时不要搅拌。将烤箱温度调低至100℃，再入烤箱烤制10分钟后取出烤盘。
3. 将牛肉块和配菜放入有撇油勺的炖锅中，搅拌均匀。
4. 撇去烤盘上的油，用其解冻大约200毫升的高汤，并加热至沸腾，用细网漏勺过滤汤汁，然后全部倒入炖锅里。

5. 如果汤汁无法没过肉等食材，就加水直到没过食材5~10厘米。加入胡椒粉和月桂叶，不盖锅盖，文火慢炖3~4小时，其间要仔细地撇去浮油和浮沫。煮到一半时，要注意观察骨头是否浸于水中。适时加一点水。
6. 撇去浮油，再将汤汁过滤一遍，注意！过滤时不要挤压留在细网漏勺上的残渣。放凉后再次撇油。

鱼高汤

要点解析

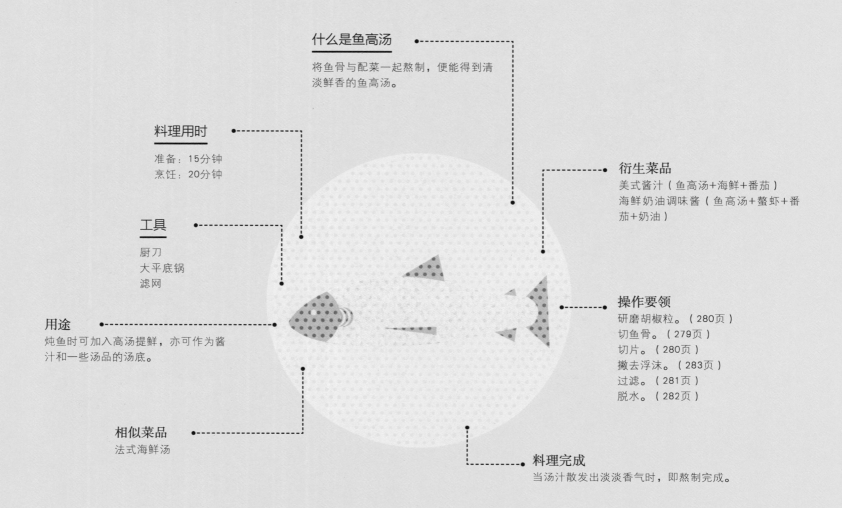

什么是鱼高汤
将鱼骨与配菜一起熬制，便能得到清淡鲜香的鱼高汤。

料理用时
准备：15分钟
烹饪：20分钟

工具
厨刀
大平底锅
滤网

用途
炖鱼时可加入高汤提鲜，亦可作为酱汁和一些汤品的汤底。

相似菜品
法式海鲜汤

衍生菜品
美式酱汁（鱼高汤+海鲜+番茄）
海鲜奶油调味酱（鱼高汤+鳌虾+番茄+奶油）

操作要领
研磨胡椒粒。（280页）
切鱼骨。（279页）
切片。（280页）
撇去浮沫。（283页）
过滤。（281页）
脱水。（282页）

料理完成
当汤汁散发出淡淡香气时，即熬制完成。

为什么烹饪时间这么短（不超过20分钟）
烹饪时间过长引发化学反应会产生有害成分，也影响味道。

窍门
稍微收汁能让味道更浓郁（但注意，水位始终要盖过鱼骨和配菜）。不要使用超过1.1升的水，会增加浓缩所用的时间，同时汤的味道也不会好。

储存
冷藏可保存48小时，冷冻可保存1个月。

具体步骤

1升高汤

鱼高汤汤底

600克脱脂鱼骨（如鳎鱼、比目鱼、
牙鳕、海鲂鱼、绿青鳕等）
40克黄油
1个红葱头
1个小洋葱
1升水

配菜

1枝百里香
1片月桂叶
100毫升白葡萄酒

作料

5粒黑胡椒

1. 研磨黑胡椒，洗净并将红葱头和洋葱切片。
   尽可能多地剔除鱼骨上的血块，并用厨刀大
   致把鱼骨切小。
2. 在大平底锅中用中火将黄油融化，放入红葱
   头和洋葱煸炒1~2分钟至脱水。
3. 加入鱼骨煸炒至脱水，直到其没有颜色。然
   后倒入水和白酒，并加入百里香和月桂叶。
   开火煮沸后小火慢炖20分钟。撇去浮沫，在
   关火前5分钟加入研磨后的黑胡椒。
4. 使用滤网直接过滤，不必挤压残渣。

白酒蔬菜调味汁

要点解析

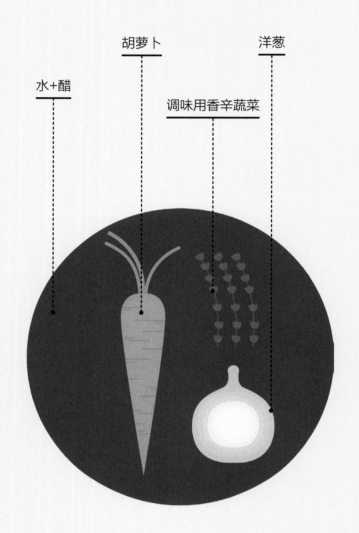

水+醋

胡萝卜

洋葱

调味用香辛蔬菜

什么是调味汁

调味汁是用醋调味后的汤品，加入一定量的汤品，可以用来炖肉。

料理用时

准备：15分钟
烹饪：20分钟
静置：1小时

用途

炖鱼（整条炖或炖鱼块），煮海鲜。

衍生菜品

浓汤：相比清汤，调味汁所用的蔬菜块要切得更小，有的时候要浓缩并且放入黄油。

难点

难点在于控制蔬菜块的大小：太大了调味汁没办法出香味，太小了又会使调味汁味道过重。适度即可。

操作要领

撇去浮沫。（283页）

窍门

如果要煮三文鱼或是鳟鱼的话，不要加醋，否则鱼肉会脱色。

料理完成

当调味汁冷却下来，发出带有一点酸味的醇香时，即熬制完成。

储存

冷藏可保存2天。

为什么要把配菜切成小块

对于同样质量的蔬菜来说，蔬菜的体积越小，蔬菜和汤接触的表面积越大，那么化学反应发生得就越强烈，也就能得到更多的芳香性化合物。所以，把配菜切成小块，保证汤汁更加浓郁。

醋在这里扮演什么角色

醋（或是酒）酸化了调味汁，这种酸味可以促进蛋白质的凝固，使鱼肉可以保持完整的形态。

为什么调味汁必须冷却后才可以使用

食材首先要浸没在汤里，然后从冷却的状态重新加热，重新加热的过程保证了酸性物质完全作用于鱼肉，使其更好地凝固。温度逐渐上升不仅能保证鱼肉更加完整，同样也可以避免烹饪过火。

具体步骤

1升调味汁

调味汁

1根胡萝卜（120克）
1个洋葱（120克）
1升水
50毫升醋或100毫升白酒
20克欧芹
3枝百里香
1片月桂叶

作料

15克粗盐
½茶匙胡椒粉

1. 将胡萝卜洗净削皮，切成3~4毫米厚的薄片。
2. 在水中加入醋或白酒，以及胡萝卜、欧芹、百里香、月桂叶、胡椒粉、粗盐，用平底锅煮沸。撇去浮沫并且小火慢炖15分钟。
3. 洋葱洗净剥皮，切成3~4毫米厚的薄圈。放入平底锅后和汤一起再煮5分钟。
4. 静置1个小时左右，冷却即可（不用过滤）。

基本酱汁
黄油面粉糊

要点解析

白色黄油面粉糊　棕色黄油面粉糊　金色黄油面粉糊

什么是黄油面粉糊

根据烹饪面粉和黄油的时间不同，可制作成白色、金色、棕色的黄油面粉糊。这些都可以在菜品烹饪过程中起黏合剂的作用。

料理用时

准备：5分钟
烹饪：5分钟

工具

食物搅拌器
可容纳变得黏稠液体的足够大的平底锅

用途

让汤汁和菜品的芡汁变得更加浓厚。将需要增稠的液体逐渐倒入黄油面粉糊中并进行不停的搅拌，煮至沸腾。一边煮沸一边搅拌，持续1或2分钟。

衍生菜品

贝夏梅尔调味酱（22页）
白汁酱（20页）

难点

烹饪：要在面糊颜色刚好时停止烹饪，像白色黄油面粉糊就不可以关火太早，不然最终菜的成品里会有面粉的味道。

料理完成

当混合物沸腾起泡并不再有白色的面粉时，即熬制完成。

为什么黄油面粉糊不可过早关火

不可过早关火是为了使面粉中的淀粉更好地水解，使其不再有面粉的味道。

黄油面粉糊是怎样染色的

面粉中包含蛋白质和糖，加热后它们彼此会发生反应，我们把蛋白质和糖的反应称为美拉德反应（282页）。这些反应是颜色和味道的来源。

窍门

制作白色黄油面粉糊时，黄油一融化就要加入面粉，不然黄油颜色就会变深，无法最终呈现白色的效果了。

固态黄油面粉糊

对于一些要加酱汁的肉类食谱，我们一般会在加入酱汁之前，将肉裹上面粉放入烤箱中烤几分钟。脂肪和面粉接触后会发生化学反应形成金色面粉糊（根据烤制的时间，也可能形成棕色面粉糊），从而使肉烤制带色。

具体步骤

1升黄油面粉糊

40~70克黄油
40~70克面粉

黄油和面粉的比例要根据最终成品的黏稠程度决定：比如制作浓汤时，两种原料各取40克；而制作贝夏梅尔调味酱时，两种原料需各取70克。

1. 白色黄油面粉糊

将黄油切成小块并在平底锅中融化。黄油一融化就加入面粉。搅拌面粉糊至均匀。小火煮沸并不停地搅拌，直到面粉糊起泡。

2. 金色黄油面粉糊

在白色黄油面粉糊的基础上继续小火加热搅拌，直到面粉糊变成轻微的金黄色。

3. 棕色黄油面粉糊

在金色黄油面粉糊的基础上继续小火加热搅拌，直到面粉糊呈现出些许棕色。

白汁酱

要点解析

辣椒

白色鸡高汤或鱼高汤

白色黄油面粉糊

盐

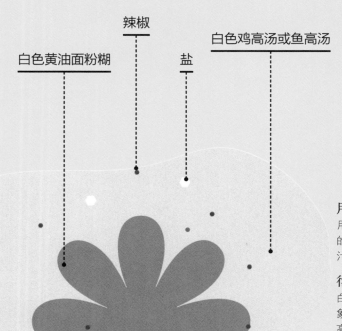

什么是白汁酱

向白色黄油面粉糊中加入白色鸡高汤或是鱼高汤，可得到白汁酱。

料理用时

准备：5分钟
烹饪：10分钟

工具

食物搅拌器
大号平底锅

用途

用作酱汁和浓汤的底料；在酱汁烹饪的过程中加入白汁酱，可使浓缩的酱汁增稠。

衍生菜品

白酱（白汁酱+奶油）
象牙酱（白汁酱+奶油+浓缩的小牛高汤）
阿让特伊奶油、巴里奶油（白汁酱+奶油+混合蔬菜）
炖牛肉酱汁（白汁酱+奶油+蛋黄）

为什么沙司中有的时候会存在凝块

面粉中的淀粉在加热的过程中吸水发生膨胀，我们称面粉发生了凝胶化从而形成明胶。我们向面粉中加入水，会形成面块，在面块外围的淀粉吸水膨胀，但是面块中心的淀粉有时因为接触不到水而无法发生水合作用。像这种没有完全形成明胶的面块最后就会形成凝块。

窍门

为了避免凝块，一加入汤就要快速有力地搅拌。

难点

避免凝块。

操作要领

收汁。（283页）

料理完成

当白色鸡高汤或是鱼高汤变得更加黏稠，且味道更加浓稠的时候，即是料理完成的标识。

储存

加盖隔水保温可保存1个小时，冷藏可保存3天。

具体步骤

1升白汁酱

黄油面粉糊

70克黄油
70克面粉

白色鸡高汤或鱼高汤

1升的白色鸡高汤（10页）或是1升的鱼高汤
（14页）

作料

1茶匙盐
少许卡宴辣椒粉

1. 白色面粉糊准备待用：将黄油切成小块并在平底锅中融化，待黄油一融化就加入面粉，搅拌均匀。小火微煮并不停地搅拌，直到面粉糊滚煮起泡。
2. 将白色鸡高汤或是鱼高汤一次性地倒入平底锅中，并不停搅拌。
3. 加热至沸腾，并不停搅拌至沙司变得黏稠。
4. 接着小火慢炖10分钟，不停地搅拌直到酱汁收干水分。最后放入作料。

贝夏梅尔调味酱

要点解析

牛奶　黄油面粉糊　盐　辣椒　肉豆蔻

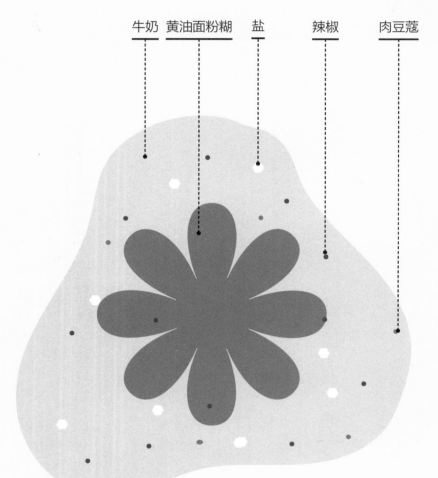

什么是贝夏梅尔调味酱

向黄油面粉糊中加入煮沸的牛奶，得到浓稠的酱汁。

料理用时

制作：5分钟

工具

食物搅拌器
大号平底锅

用途

咸乳酪泡芙（118—119页）
焦皮蔬菜
意式宽面条

衍生菜品

莫尔内酱汁（贝夏梅尔调味酱+蛋黄+格鲁耶尔干酪）
奶油酱汁（和牛奶掺在一起的贝夏梅尔调味酱+奶油+柠檬汁）

难点

加热时间（避免凝块）

料理完成

当调味酱足够黏稠时，即熬制完成。

黄油面粉糊是怎样让牛奶变得浓稠的

黄油面粉糊是黄油和面粉的混合物，在牛奶中加热黄油面粉糊时，面粉中的淀粉会吸水膨胀，就会让液体变得浓稠。持续加热的话，淀粉就会被水解，以两种分子的形态继续存在：直链淀粉和支链淀粉；这两种分子都会使牛奶液体变得更饱满，从而更加浓稠。

为什么不能直接加入牛奶

因为制作黄油面粉糊的过程就是将黄油和面粉均匀混合在一起，只要不产生面块，就不会在加入牛奶后产生凝块。所以提前制作黄油面粉糊而不是直接加入牛奶很重要。

储存

需裹上保鲜膜，隔水炖储存。

窍门

为了避免产生凝块，一加入牛奶就要快速强力搅拌。如果贝夏梅尔调味酱成品不够浓稠的话，可以使用滤网过滤。

具体步骤

1升贝夏梅尔调味酱

黄油面粉糊

70克黄油
70克面粉

牛奶

1升牛奶

作料

1汤匙红辣椒粉
1汤匙肉豆蔻
1茶匙盐

1. 制作白色黄油面粉糊：将黄油切小块放入平底锅融化。待黄油一融化，即刻加入面粉，并搅拌均匀。小火慢炖并不停搅拌，直到面粉糊煮沸起泡。
2. 一次性地将牛奶倒入面粉糊中，快速搅拌。
3. 加热至沸腾后不停搅拌，直到调味酱变得浓稠。
4. 小火慢炖1或2分钟，并不停地搅拌。最后加入作料。

经典番茄酱

要点解析

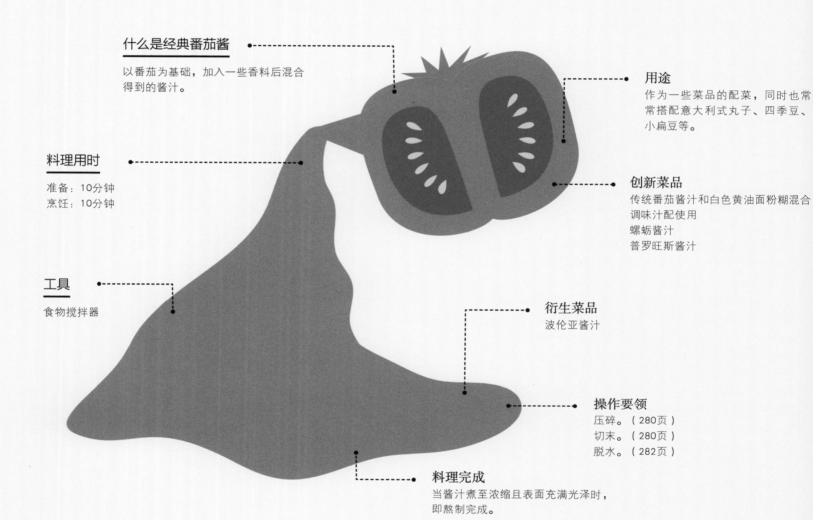

什么是经典番茄酱

以番茄为基础，加入一些香料后混合得到的酱汁。

料理用时

准备：10分钟
烹饪：10分钟

工具

食物搅拌器

用途

作为一些菜品的配菜，同时也常常搭配意大利式丸子、四季豆、小扁豆等。

创新菜品

传统番茄酱汁和白色黄油面粉糊混合调味汁配使用
螺蛳酱汁
普罗旺斯酱汁

衍生菜品

波伦亚酱汁

操作要领

压碎。（280页）
切末。（280页）
脱水。（282页）

料理完成

当酱汁煮至浓缩且表面充满光泽时，即熬制完成。

为什么酱汁在制作过程中会带有甜味

烹饪过程中，随着酱汁的水分蒸发，糖也逐渐地聚集起来，甜味变得更加明显。

储存

冷藏可保存48小时；
冷冻可保存3个月。

具体步骤

780克经典番茄酱

番茄酱

800克罐装番茄酱
1个洋葱（100克）
1瓣大蒜
25克黄油
1茶匙糖
2汤匙橄榄油

配菜

½茶匙干牛至粉

作料

½茶匙盐
胡椒粉（研磨器转3下）

1. 蒜去皮，除芽，捣碎；将洋葱去皮并切碎；用中火和中号平底锅将黄油融化。洋葱入平底锅脱水，加盐和浓缩的干牛至粉，直到洋葱变成焦黄色。

2. 在平底锅中加入捣好的蒜，煎30秒钟左右直到香味散发出来；加入番茄酱和糖。煮沸后再小火慢炖10分钟左右，直到酱汁变得浓稠。

3. 在酱汁中加入橄榄油和胡椒，搅拌并根据口味加入作料，关火。

乳化酱汁
蛋黄酱

要点解析

什么是蛋黄酱

植物油、蛋黄和柠檬汁混合而成的乳状液体。

料理用时

制作：10分钟

工具

食物搅拌器
搅拌盆或圆边不锈钢盆

用途

烹饪料理的配料（肉、鱼、海鲜、鸡蛋、蔬菜）；复合沙拉的作料。

衍生菜品

芥末蛋黄酱（蛋黄酱+刺山柑花蕾+酸黄瓜+欧芹+香叶芹+龙蒿）
鸡尾酒汁（蛋黄酱+番茄酱+干邑白兰地+辣酱油+塔巴斯哥辣酱）

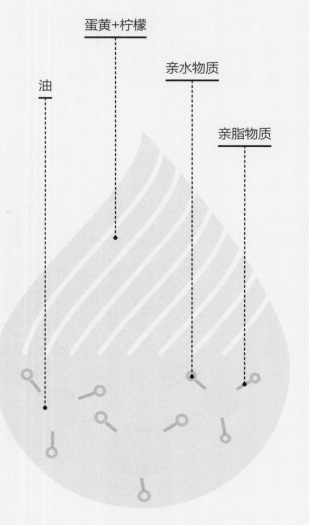

蛋黄+柠檬

油

亲水物质

亲脂物质

难点

植物油混合在水中。

窍门

在最开始的时候就要在蛋黄中加入作料，避免最后盐结块。

料理完成

当蛋黄酱变成奶油质地固体状，在搅拌机表面沾留即制作完成。

储存

裹上保鲜膜最多可冷藏保存24小时。

什么是乳化

两种不可溶食材（互相不能溶在一起）的混合。在蛋黄酱中，我们把油和水（存在于蛋黄和柠檬汁中）混在一起，制成乳化物。

乳化如何形成

蛋黄中的蛋白质起到了"表面活性剂"的作用：一部分亲水（蛋黄和柠檬汁中的水），一部分亲脂（植物油中的脂肪物质）。正是因为蛋白质，植物油才得以在水中保持稳态，并最终形成乳化物。

为什么要缓缓地将油倒入

蛋黄酱是油倒入水中形成的乳化物。慢慢地将油倒入水中，油会混在水中并分散成油滴状，而不是直接浮在水面形成油膜。

为什么有时候蛋黄无法打发

这是因为我们最终没能成功地将油混入水中，而得到的是水混入油中的乳化物。油混入水中呈水滴状的过程失败了。油倒入得太快、容器太大或搅拌得不够彻底都会导致蛋黄无法打发。

搅打的重要性

为了使蛋黄酱更加稳定，就要尽可能多地形成水滴状的小油滴，这样才可以稳定住整个乳浊液系统，并借助表面活性剂使酱汁变得更加浓稠。完全地搅打就变得至关重要：可以保证油分散在水中形成油滴状。

调整蛋黄酱

蛋黄酱如果太硬的话（在电动搅拌机中搅得太过了）：加点水。
食材温度过低的话：加一点点温水。
油的比例高于蛋黄的话：再加一点蛋黄。

具体步骤

200克蛋黄酱

1个鸡蛋黄
180毫升葵花子油（或者花生油）
1汤匙水
1汤匙柠檬汁
½茶匙盐
½茶匙胡椒粉

1. 在搅拌盆或者圆边不锈钢盆中加入柠檬汁、盐、胡椒粉和蛋黄的混合液体约1分钟。
2. 一边搅拌，一边将几滴油慢慢倒入混合液体中。
3. 继续一边搅拌，一边缓慢地倒入油，在倒入油（约60毫升）之后，可稍微加快倒入油的速度。
4. 继续搅拌使蛋黄酱稍微成型。最后裹上保鲜膜并放入冰箱。

使用电动搅拌器

使用电动搅拌器、手持电动搅拌器或带有薄片的电动搅拌器来制作蛋黄酱。先手动搅拌再加入油，搅打前确认刀片是否可以碰触到食材。

黄油白沙司

要点解析

红葱头　　　醋

黄油　　　白葡萄酒

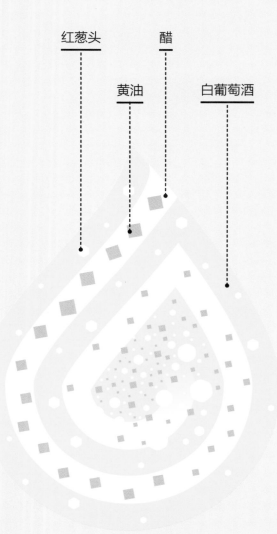

什么是黄油白沙司

在用红葱头入味的醋和白葡萄酒的浓缩汁中加入热黄油制作而成的乳化物。

料理用时

准备：15分钟
烹饪：5分钟

工具

滤网

用途

用作炖鱼或烤鱼时的配料。

创新菜品

南特黄油：加入红葱头的黄油白沙司（不过滤）

难点

块状黄油的融化需要掌握好火候。

操作要领

压榨。（281页）
过滤。（281页）
收汁。（283页）
切末。（280页）

混入黄油的时候，发生了什么反应

脂肪类的物质混入醋或酒中，发生的是油混入水中的乳化反应：黄油以油滴的形态混合进醋或酒中。这种乳状的液体和黄油的质地不尽相同：黄油白沙司是"半固体半融化"状。

为什么要用浓缩的葡萄酒醋

如果葡萄酒醋太稀了，制作出来的酱汁也不会浓稠。

为什么要缓慢地加入黄油

如果太快加入黄油，乳状的液体就会出现水油分离等问题。

为什么黄油白沙司制作完成后要立即使用

黄油白沙司是一种不稳定的乳状液体。如果我们在使用的时候重新加热，乳状液体可能会失去稳态而发生水油分离。

窍门

在醋和白葡萄酒收汁后，加入1茶匙鲜奶油再度收汁，可使乳化反应更加容易。

料理完成

当酱汁搅拌均匀，浓稠且仍是流动性时即制作完成。

储存

完成后尽快使用，或者加盖保温至使用前（最高不超过50℃）。

具体步骤

270克黄油白沙司

50毫升白葡萄酒（最好是肉豆蔻味的）
50毫升葡萄酒醋（比如赫雷斯白葡萄酒）
20克红葱头
250克固体黄油（切大块）

1. 将红葱头剥皮切碎，放入中号平底锅中，再加入白葡萄酒和醋。
2. 将白葡萄酒和醋收汁，直到锅里只剩下大约1汤匙的量（开盖收汁2~3分钟）。
3. 一边搅拌一边透过滤网过滤，过滤后再重新倒回平底锅中。
4. 开中火，在平底锅中加入1~2块黄油，在锅中搅拌直到完全融化。
5. 继续加入1~2块黄油并在锅中搅拌，完全融化后再重复上述步骤，直到全部的黄油融化进沙司中。

荷兰酱

要点解析

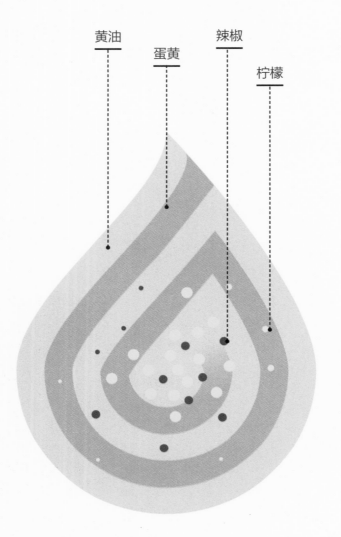

黄油

蛋黄

辣椒

柠檬

什么是荷兰酱

黄油、意大利式蛋黄酱（蛋黄+水）、柠檬汁在加热状态下组成的乳化物。

料理用时

制作：15分钟

工具

平底锅
食物搅拌器
温度计

用途

用作鱼、鸡蛋、水煮蔬菜的配料。

衍生菜品

慕瑟琳酱汁（荷兰酱+搅拌后的奶油）
马勒泰兹酱汁（荷兰酱汁+橘子的果皮和果汁）
芥末酱（荷兰酱汁+芥末）

难点

制作意大利式蛋黄酱。

料理完成

当酱汁呈现和蛋黄酱一样具有流动性的时候。

储存

常温下放置1个小时。
使用时需用小火慢慢加热并不断搅拌。

为什么要缓慢地加入黄油

黄油呈现油滴状的时候，才能更好地乳化，从而使形成的乳状液体更加地稳定，最后制作成的荷兰酱才不会出现水油分离的情况。

为什么制作意大利式蛋黄酱时，烹饪温度不可超过60℃

意大利式蛋黄酱主要成分是鸡蛋，而鸡蛋中的蛋白质在超过60℃的温度下会凝固，从而会使最终做成的荷兰酱呈现颗粒状的质地。

为什么要加入温度适中的澄清黄油

如果黄油温度很低（呈固体块状），我们就无法做到逐次少量加入了，乳化反应也不能顺利进行。如果黄油温度太高，又会影响到鸡蛋中的蛋白质，使其凝固。

为什么要不停地搅拌酱汁

预防蛋黄过度凝固（烹饪过火）；阻止水油乳化反应的中断。

调整荷兰酱

如果酱汁太过浓稠：可以加入少许冷水稀释。
如果酱汁过稀：加入少许温水，并慢慢加入一些黄油。

具体步骤

350克荷兰酱

酱汁

250克的澄清黄油（51页）
4个蛋黄
25毫升水
半个柠檬

作料

1茶匙盐
少许卡宴辣椒粉

1. 使澄清黄油保持温度适中（大约40℃）（51页）。柠檬榨汁。
2. 在干净的搅拌盆中加入蛋黄、少量的水和盐，放入装有冷水的平底锅中，隔水用小火加热（大约60℃）并不断地搅拌直到鸡蛋液打发均匀，且表面出现大量气泡。
3. 蛋液慢慢冷却下来后，逐渐加入温度适中的澄清黄油，并不停搅拌（此时无须加热）。
4. 加入柠檬汁和辣椒粉，可根据个人口味适当调整味道。

蛋黄黄油调味汁

要点解析

醋+白酒

黄油+蛋黄　　　　　龙蒿

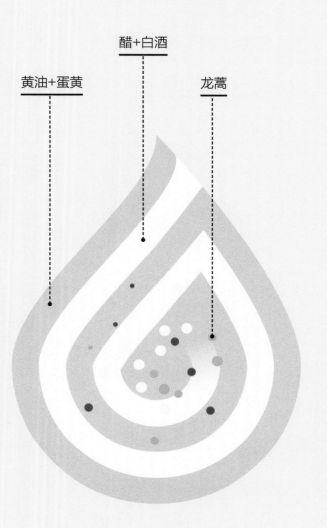

什么是蛋黄黄油调味汁

在醋和白酒的浓缩汁（用红葱头、香叶芹和龙蒿入味）中加入热黄油和蛋黄制作而成的乳化物，并加入切碎的香叶芹和龙蒿。

料理用时

制作：25分钟

工具

食物搅拌器
小号平底锅

用途

用作肉和烤鱼的配料。

创新菜品

波城酱汁（用薄荷代替龙蒿）
肖龙酱（将酱料中的龙蒿和香叶芹去掉，换以浓缩的番茄酱）

难点

加热意大利式蛋黄酱（浓缩酱汁里面的蛋黄）。

操作要领

切碎。（280页）
切末。（280页）
研磨胡椒粒。（280页）
收汁。（283页）
过滤。（281页）

料理完成

当酱汁呈浓郁轻盈状时，即制作完成。

窍门

用小号平底锅，否则蛋黄在膨胀前就会结块。

为什么要缓慢地加入黄油

和蛋黄酱不同的是，蛋黄黄油调味汁加入的不是植物油，而是黄油。逐次少量地加入黄油并不停地搅拌，就能形成小泡沫（使乳化物保持稳态的蛋白质），泡沫中含有鸡蛋中的脂肪物质以及大部分的水（醋、酒）。如果黄油加入的速度过快，水在黄油中的小泡沫就无法形成，乳化物的稳态也就无法保持。

调整酱汁

如果酱汁太过浓稠：加少许冷水稀释。
如果酱汁过稀：加入少许温水重新打发，并慢慢混入一些黄油。

储存

室温下最多放置1个小时；使用前需用小火重新加热，并不断搅拌。

具体步骤

400克调味汁

蛋黄黄油调味汁

250克澄清黄油（51页）
4个鸡蛋黄
40毫升红酒醋
40毫升白葡萄酒
1个红葱头（40克）
3枝龙蒿
4根香叶芹

作料

3克黑胡椒粉
½茶匙盐

1. 使澄清黄油保持温度适中（大约40℃）。将香叶芹、龙蒿、红葱头洗净，保持干燥，除叶，切碎准备待用。
2. 用小号平底锅将白葡萄酒和红酒醋煮至沸腾，然后加入大部分切好的龙蒿、香叶芹、红葱头以及胡椒粉。接着小火加热2~3分钟，直到锅内剩下大概4汤匙液体。放凉待用。

3. 在干净的搅拌盆中加蛋黄、少量的水和盐，放入装有冷水的平底锅中，隔水用小火加热并不断地搅拌直到鸡蛋液被打发均匀，且表面出现大量气泡。
4. 使蛋液慢慢冷却下来之后，逐渐加入温度适中的澄清黄油，并不停搅拌（此时无须加热）。
5. 加入剩下的配菜，将酱汁搅拌均匀，根据个人口味适当调整味道。

调味底料
调味配菜

要点解析

调味香料束

什么是调味香料束

用绳捆绑的、带有香气的植物香料；
制作好的液体作料（汤，调味汁）。

工具

厨房用绳

用途

是高汤、鱼汤、酱汁、肉、杂碎、白煮鸡的基
本作料；是制作干性蔬菜的原料。

创新菜品

专门用于制作白色高汤的调味香料：韭葱的葱
白、百里香、月桂叶、欧芹秆。

制作介绍

对于1.5~2升水来说，需要10枝欧芹秆、2枝
百里香和1片月桂叶，将所有的配料洗净，用
绳子将香料束上下两段各捆两到三圈（绳子留
出20厘米空余），在中间打结（这保证了香料
束在烹饪过程中也不会散开），使其牢牢固定
成一束。

米尔普瓦调味汁

什么是米尔普瓦调味汁

由切成1~1.5厘米大小的胡萝卜和生洋葱（根
据烹饪的时间长短，灵活决定蔬菜块的大小）
组成的基本调味汁。米尔普瓦调味汁往往是料
理的一部分。

用途

米尔普瓦调味汁是制作酱汁的基础，同时本身
也可作为一种调味酱汁（勃艮第牛肉）；是制
作干性蔬菜的原料（蔬菜泥以及浓汤）。

创新菜品

传统的米尔普瓦调味汁：加入切成1~1.5厘米
的小块熏制前胸肉（相同分量）；
马蒂尼翁（由切成薄片并在使用前滤过水的洋
葱和胡萝卜组成）。

制作介绍

准备等重的洋葱和胡萝卜。

首先胡萝卜和洋葱削皮处理干净。将胡萝卜去
掉头和尾，切成6厘米左右长的小段；然后竖
着将其切成1厘米厚的长片；将这些胡萝卜片
叠放在一起，再竖着切成1厘米宽的小棍；合
并叠放这些长条，再将其横着切成1厘米见方
的胡萝卜小块。
将洋葱从上至下一切为二；切口朝下放平，从
左至右切1厘米宽，再从上至下切1厘米宽，最
后水平地切出同样1厘米厚，最后得到1厘米见
方的洋葱小块。

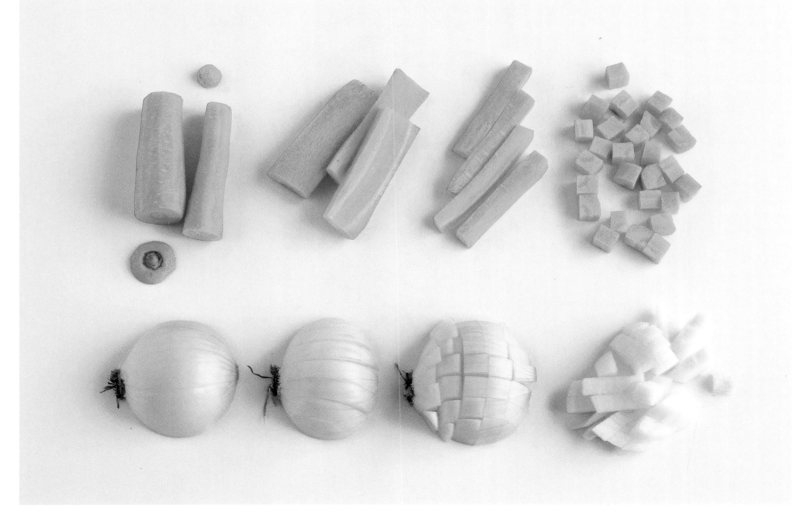

蔬菜的切法

要点解析

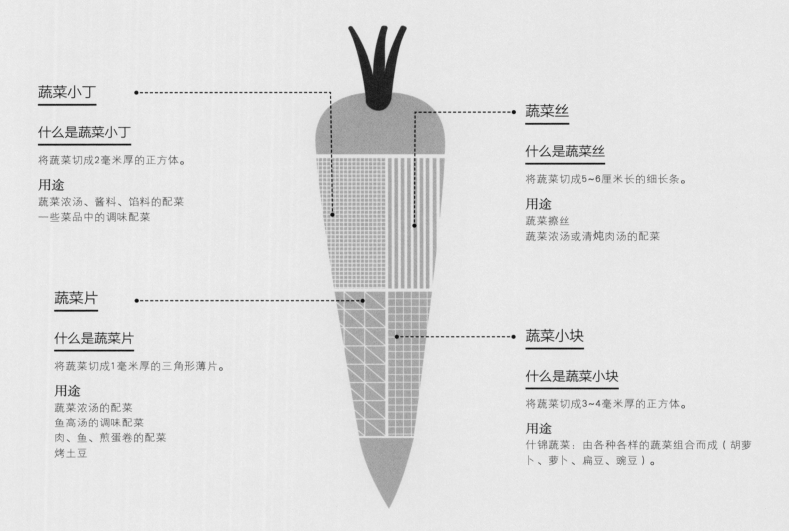

蔬菜小丁

什么是蔬菜小丁
将蔬菜切成2毫米厚的正方体。

用途
蔬菜浓汤、酱料、馅料的配菜
一些菜品中的调味配菜

蔬菜片

什么是蔬菜片
将蔬菜切成1毫米厚的三角形薄片。

用途
蔬菜浓汤的配菜
鱼高汤的调味配菜
肉、鱼、煎蛋卷的配菜
烤土豆

蔬菜丝

什么是蔬菜丝
将蔬菜切成5~6厘米长的细长条。

用途
蔬菜擦丝
蔬菜浓汤或清炖肉汤的配菜

蔬菜小块

什么是蔬菜小块
将蔬菜切成3~4毫米厚的正方体。

用途
什锦蔬菜：由各种各样的蔬菜组合而成（胡萝卜、萝卜、扁豆、豌豆）。

蔬菜的切法和用途该如何确定呢
蔬菜的制作过程决定了一切，如果蔬菜切得越细小，那么烹饪时蔬菜熟得也就越快，香味散发得也就越明显，也更容易变成粉状的质地，让成品更加地浓稠。

工具
厨刀
蔬菜切片器

具体步骤

1. 蔬菜小丁

将蔬菜切成6~7厘米长的小段，沿着边竖着切一刀，使其能稳固在案板上。

切面放在案板上，将这些小段切成2毫米厚的长片（或是用蔬菜切片器），接着叠起来，再切成2毫米宽的细长条。

将这些细长条再次堆叠在一起，切成2毫米见方的小丁。

2. 蔬菜小块

和切蔬菜小丁的过程一样，先将蔬菜切成4毫米厚的长片，接着切成4毫米宽的长条，最后切成4毫米见方的小块。

3. 蔬菜丝

将蔬菜切成6~7厘米长的小段。

沿着边竖着切一刀，使其能稳固在案板上。切面放在案板上，将小段纵向切成薄长片。

将这些薄长片堆叠在一起，继续纵向切成又薄又细的长条。

4. 蔬菜片

将胡萝卜纵向切一刀，然后在各自的长段上再竖切一刀。

将各段横向切成1毫米厚的三角形薄片。

蔬菜的削法

要点解析

削洋蓟

如何削洋蓟

将洋蓟的叶子去除，最终得到洋蓟最嫩的根茎部分。

工具

厨刀

用途

加肉馅洋蓟（事先烹饪好）

窍门

先用水煮一下洋蓟，再去掉外层的叶子。

削胡萝卜

如何削胡萝卜

将胡萝卜削成大小均匀、长椭圆形形状。

工具

厨刀或转刀

用途

2~2.5厘米长的胡萝卜小段：被称为"时鲜"配菜。

3~4厘米长的胡萝卜小段：被称为"可搭配的时鲜"配菜。

4~5厘米长的胡萝卜小段：用作蔬菜束。

5~6厘米长的胡萝卜小段：用作火锅和炖鸡配菜。

削好的蔬菜有什么特点

削好的胡萝卜、萝卜或土豆外形都很好看，用作配菜时也更加赏心悦目。除此之外，削好的蔬菜能更好地包裹菜品中的酱汁和调味汁。

削洋蓟的技巧

切去洋蓟不能食用的茎部，用手择去洋蓟外部多余的叶子，嫩叶根部可以有所保留。其余都去除，留下洋蓟心和3~4片叶片，加柠檬汁。

具体步骤

洋蓟

1. 准备一个盛有凉水的容器和半个柠檬。将洋蓟不能食用的茎部切除，为了得到更多的植物纤维，其余部分先进行保留。
2. 修剪一下洋蓟的叶子，使洋蓟底部平整光滑。用半个柠檬涂抹暴露在外面的部分，使其保鲜。慢慢去掉洋蓟外部的叶子，手无法择的部分用刀削掉。
3. 当大部分外部的洋蓟叶子被择掉后，及时涂抹柠檬汁对其保鲜，防止蓟心变黑。继续削洋蓟，并不时涂抹柠檬汁。

4. 去掉所有的叶子之后，就只留下洋蓟心（洋蓟的花蕾）部分。花瓣需要去除，留下圆形的茎部。
5. 用汤匙将茎部上面毛状的物质刮下来。
6. 将最嫩的茎部和柠檬一起放在冷水中保存，直到烹饪时再取用。

胡萝卜

1. 将一根胡萝卜切成段，根据每一段直径的大小，将胡萝卜切成不同长度的小段。
2. 借助厨刀转着圈削胡萝卜小段，制作形成的长度相似的圆形小段的具体做法为：左手拿着胡萝卜小段（对于右撇子来说），右手拇指缓缓削着小段的两端，其余四根手指稳定厨刀。最后所有的小段都要被削成两头略尖、中间略宽的形状。

复合黄油

要点解析

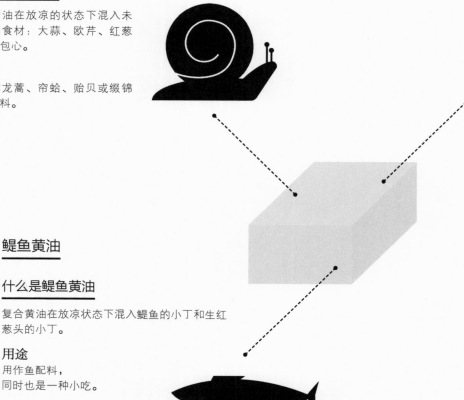

蜗牛黄油

什么是蜗牛黄油

复合黄油在放凉的状态下混入未加工的食材：大蒜、欧芹、红葱头和面包心。

用途

可用作龙蒿、帘蛤、贻贝或缀锦蛤的配料。

鳀鱼黄油

什么是鳀鱼黄油

复合黄油在放凉状态下混入鳀鱼的小丁和生红葱头的小丁。

用途

用作鱼配料，
同时也是一种小吃。

香草黄油

什么是香草黄油

复合黄油在放凉状态下混入生食材：柠檬汁和欧芹。

用途

冷食：用作肉和烤鱼的配料。
热食：用来给一些酱汁收汁。

衍生菜品

旅店黄油：香草黄油+煎嫩蘑菇丁
科尔伯特黄油：香草黄油+肉冻+龙蒿

料理黄油的温度

黄油不是在某个特定的温度下就会融化，而是在−50~40℃有着不同的存在状态。
在4℃时，70%的脂肪物质都是处在固体状态。
在30℃时，90%的脂肪物质都是处在液体状态。
在20℃时，黄油处在半固体半液体的柔软状态，这时最适合进行复合黄油的"合成"。

操作要领

切碎。（280页）
切末。（280页）
压碎。（280页）

窍门

为了防止黄油无法固定成圆柱体，将其带保鲜膜放入冰水中直到固定成型。

储存

半固体黄油：常温下可保存2小时；
固体黄油：冷藏可保存3天。

其他复合黄油

复合黄油在放凉状态下和未经烹饪过的配料混合在一起：熏鱼黄油，奶酪黄油。
复合黄油在放凉状态下和煮熟的配料混合在一起：螯虾黄油。
复合黄油加热后和其他配料混合：胭脂黄油（海鲜黄油）。

具体步骤

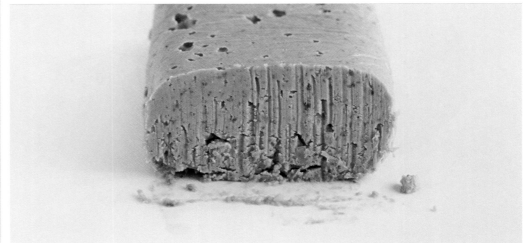

180克蜗牛黄油

150克半固态黄油
1个红葱头
2瓣大蒜
20克欧芹
20克面包心
½茶匙盐
胡椒粉（研磨器转8下）

1. 将红葱头剥皮切碎；欧芹洗净，去叶，切碎；蒜瓣剥皮，去芽，碾压，切碎；面包心弄成碎屑并过滤。将以上所有准备好的食材放入一个大的搅拌盆中。
2. 加入黄油并搅拌，利用刮片将所有的配料融入黄油中去，使用半固态黄油。加入作料并继续搅拌。将黄油放入厨房专用保鲜膜的中

间，理成长条状，包上保鲜膜，对黄油滚动定型，最终形成一个圆柱体。将黄油切成小块，方便取用。

130克香草黄油

115克半固态黄油
10克欧芹
1茶匙柠檬汁
½茶匙盐
胡椒粉（研磨器转8下）

1. 将欧芹洗净，去叶，切碎；和柠檬汁一起放入一个大的搅拌盆中。
2. 此部分操作同蜗牛黄油的步骤。

370克鳗鱼黄油

150克半固态黄油
150克油渍无盐鳗鱼油
50克红葱头
20克杏仁粉
1汤匙柠檬汁

1. 将红葱头剥皮并切成4瓣，柠檬汁备用。将鳗鱼、红葱头和1汤匙柠檬汁放入装有薄片的自动搅拌器中搅拌。
2. 搅拌几次过后得到泥状的混合物质，此时加入块状黄油，继续搅拌。几次过后得到奶油状的混合物。最后加入杏仁粉，再次搅拌（只需1次）。

煎嫩蘑菇丁

要点解析

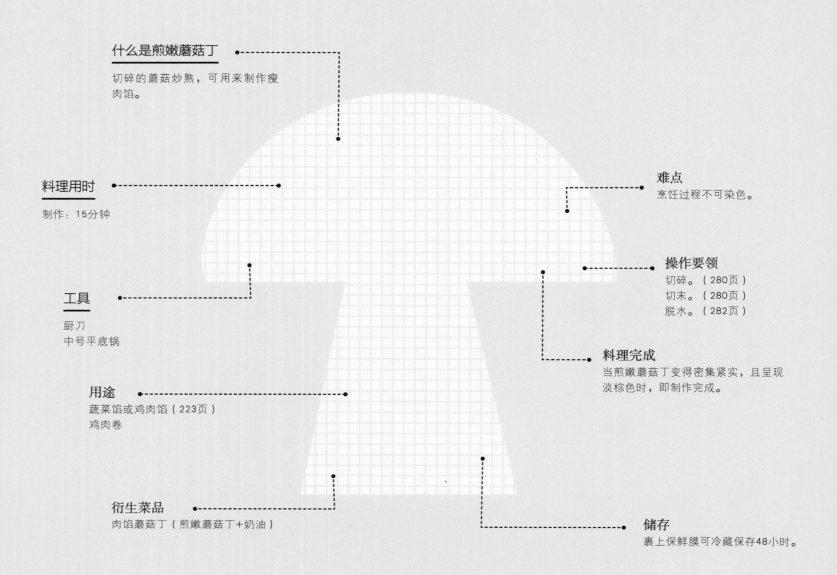

什么是煎嫩蘑菇丁
切碎的蘑菇炒熟，可用来制作瘦肉馅。

料理用时
制作：15分钟

工具
厨刀
中号平底锅

用途
蔬菜馅或鸡肉馅（223页）
鸡肉卷

衍生菜品
肉馅蘑菇丁（煎嫩蘑菇丁+奶油）

难点
烹饪过程不可染色。

操作要领
切碎。（280页）
切末。（280页）
脱水。（282页）

料理完成
当煎嫩蘑菇丁变得密集紧实，且呈现淡棕色时，即制作完成。

储存
裹上保鲜膜可冷藏保存48小时。

为什么切碎后的蘑菇会变黑

当我们切蘑菇的时候，也破坏了蘑菇的植物细胞。而当这些植物细胞和空气中的氧接触时，就会相互作用且发生反应，从而使蘑菇变黑。所以，我们建议使用锋利的厨刀：能使切面更干净平滑，使更少的植物细胞被破坏，从而减少容易氧化的细胞汁液流出。

为什么制作过程要脱水

为了防止馅料变稀，以保证其形状。

窍门

如果切碎了的蘑菇不立即烹饪的话，用½个柠檬润湿一张吸油纸，将蘑菇包裹起来防止其氧化变色。同时也要使用一个足够大的平底锅，这样有利于蘑菇的快速脱水。

具体步骤

120克煎嫩蘑菇丁

煎嫩蘑菇丁

200克蘑菇
2个红葱头
20克黄油
1根欧芹

作料

½茶匙盐
胡椒粉（研磨器转3下）

1. 将欧芹洗净，沥干水分，去叶并切碎；红葱头剥皮切碎。将红葱头放入黄油中，开中火炒2分钟直到其脱水，其间需不停地搅拌。关火。
2. 将蘑菇的伞盖与茎分离，用厨刀将各个部分切成小丁。
3. 将蘑菇放入平底锅中，中火翻炒约5分钟，直到蘑菇完全脱水。
4. 加入欧芹并搅拌，最后加入盐和胡椒粉调味。

面团
黄油面团

要点解析

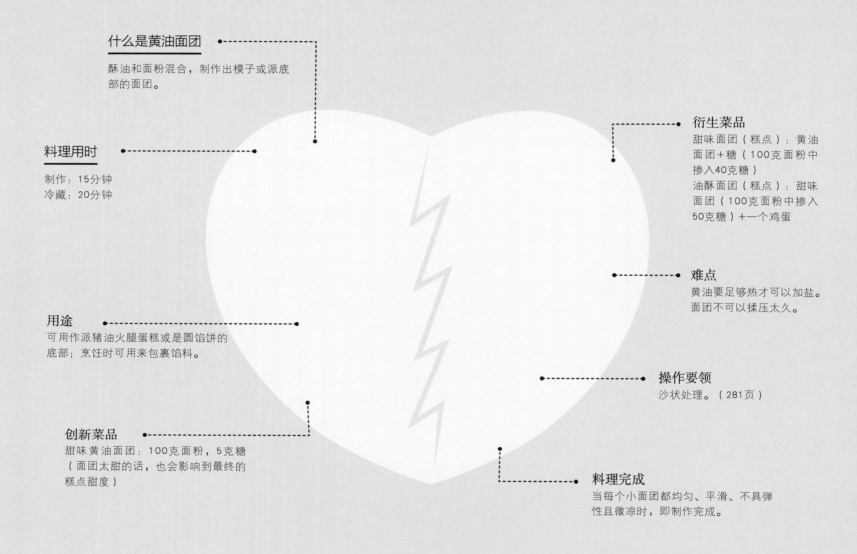

什么是黄油面团

酥油和面粉混合，制作出模子或派底部的面团。

料理用时

制作：15分钟
冷藏：20分钟

用途

可用作派猪油火腿蛋糕或是圆馅饼的底部；烹饪时可用来包裹馅料。

创新菜品

甜味黄油面团：100克面粉，5克糖（面团太甜的话，也会影响到最终的糕点甜度）

衍生菜品

甜味面团（糕点）：黄油面团＋糖（100克面粉中掺入40克糖）
油酥面团（糕点）：甜味面团（100克面粉中掺入50克糖）＋一个鸡蛋

难点

黄油要足够热才可以加盐。
面团不可以揉压太久。

操作要领

沙状处理。（281页）

料理完成

当每个小面团都均匀、平滑、不具弹性且微凉时，即制作完成。

为什么面团不可以揉压太久

揉压面团，能使面团中的蛋白质呈网状麸质结构：网状蛋白。这使得面团更富有弹性，擀面时就会越发困难，面团收缩的时候，蛋白质间会有互相拉拽的作用，所以就会像橡皮筋一样具有弹性。

为什么要在放凉的状态下挤压面团

为了让黄油的味道更突出。这样在烹饪的过程中，就能使面团带有香气，并防止面皮收缩。

窍门

沙状处理时，手放到离容器高一些的位置，就能防止面团加热过度。

储存

冷藏可保存24小时，使用前需在常温下放置15~45分钟。

具体步骤

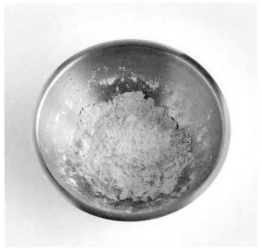

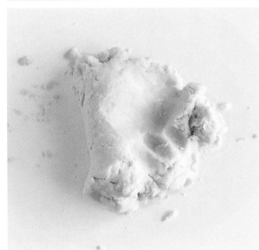

300克黄油面团

170克面粉
85克固体黄油
1个鸡蛋黄
60毫升水
2克盐

1. 将面粉和盐放入一个大的搅拌盆里混合。
2. 将切好的黄油小丁倒入搅拌盆里，将其沙状处理以便更好地和面粉融合。
3. 直到面粉呈象牙色，黄油小丁变成颗粒状的时候，停止沙状处理。
4. 面粉中间挖出一个凹陷，将蛋黄和水倒入。用叉子将所有的食材反复搅拌均匀和成面团，不留一点干面粉渣。
5. 最后将面团倒在案板上，用手反复揉捏，直到面团变得柔软且不黏手。

造型

要立刻擀面，并用模具压出形状。放入冰箱冷藏至少20分钟，以防止面皮在烹饪的过程中收缩。

千层酥皮

要点解析

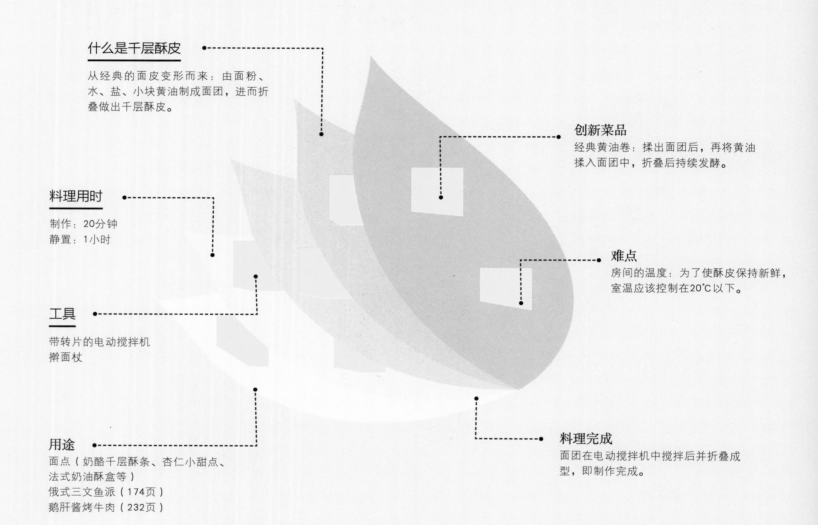

什么是千层酥皮
从经典的面皮变形而来：由面粉、水、盐、小块黄油制成面团，进而折叠做出千层酥皮。

料理用时
制作：20分钟
静置：1小时

工具
带转片的电动搅拌机
擀面杖

用途
面点（奶酪千层酥条、杏仁小甜点、法式奶油酥盒等）
俄式三文鱼派（174页）
鹅肝酱烤牛肉（232页）

创新菜品
经典黄油卷：揉出面团后，再将黄油揉入面团中，折叠后持续发酵。

难点
房间的温度：为了使酥皮保持新鲜，室温应该控制在20°C以下。

料理完成
面团在电动搅拌机中搅拌后并折叠成型，即制作完成。

怎样制作出千层酥皮
相较于传统的面皮制作，千层酥皮特别需要快速的面皮折叠过程。所以在制作面皮的过程中，黄油就没有融化的时间了，只能以小块状存在，而黄油中的片状物也会在最后面皮折叠过程中起到重要的作用。

注意
一些黄油尤其是动物黄油，是不够硬的——即使是在放凉凝固的状态下——这种黄油无法用来制作千层酥皮。

窍门
如果房间温度太高的话（高于20°C），供使用的面粉就该提前放入冰箱冷藏。购买黄油的时候，可以用手按压一下，要购买质地够硬的黄油。

储存
冷藏可保存48小时，包保鲜膜冷冻可保存3个月。使用时，面团要在冷藏室放一晚上解冻。

具体步骤

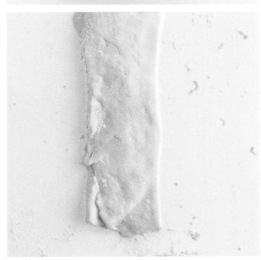

660克干层酥皮

290克面粉

280克切成1~1.5厘米小丁的固体黄油

90毫升凉水

6克盐（1茶匙左右）

1. 将面粉和60克黄油分多次放入电动搅拌盆中，每次间隔1秒钟，直到黄油完全吸收。一边搅拌，一边将剩下的黄油分1~2次放入，使之与面粉中的黄油区分开，使黄油小块均匀分布在面粉中。

2. 用冷水将盐融化并倒入搅拌盆中，接着搅拌3~4次，直到面团开始成型。

3. 将面团在案板上铺成长方形，大小约为30厘米×45厘米。制作时需不停地在面团、案板和擀面杖上撒面粉。

4. 将面皮3等分，两边的部分对折到中间，形成一个10厘米×45厘米的长方形面皮。

5. 将这个长条面皮从一边向另一边卷过去，形成一个面卷。将面卷按压成正方体，用保鲜膜包裹放进冰箱冷藏至少1个小时，直到面卷成型。

6. 如果希望得到成块的面卷，就在原有面卷的基础上垂直切2刀。按压得到厚度为2~3厘米的长方体面卷。

基础菜品
盐

要点解析

什么是盐

以氯化钠为主要成分的矿物作料。

细盐

在热烹或冷调时都可使用的微小结晶。不含添加物的细盐只提供我们所说的海的味道,即咸味。含添加物的细盐很常见,能调出更多的味道。
作用:是最主要的作料,烹饪前后或烹饪过程中都可添加。

粗盐

粗盐(大西洋)或是白盐(地中海)都是大块的结晶。
作用:可用作烹饪过程中调味、盐焗、保存食材。

盐之花

在盐田表面形成的白色结晶。
作用:某个菜肴的一部分用盐之花调味,来突出其味道和质地。

作用

调味

盐会增强菜肴的味道,是一种自然的香味添加剂。

烹饪

盐焗:用粗盐密封整个食材(鱼、肉、蔬菜),放入烤箱烹饪(隔火烹饪)。
半盐焗:为了让鱼更好地入味,烹饪之前,顺着生鱼(比如鳕鱼)的鱼肉纹理抹上一层盐。同时也能使鱼肉更紧实。

储存

盐能够抑制细菌破坏食材的过程,也可以减少微生物的滋生。

在烹饪前还是烹饪后加盐

烹饪前:能够使食材完全均匀地入味。
烹饪后:重点调味。

肉

在烹饪前加盐,能形成一种物质,让肉的味道和质地变得更好。

酱汁、汤、调味汁

这些都是需要在烹饪的过程中加盐。在相同质量的酱汁中,如果烹饪结束后再加盐,盐就没有时间完全扩散到所有的配料中去,酱汁就会很不均衡,少了很多层次。

鱼

在烹饪前加盐,但不能是粗盐,避免破坏鱼肉的纹理。

什么时候加入胡椒

和盐不一样,胡椒要在烹饪过程中添加。在一开始加的话,胡椒就会失去味道和其所带的刺激性。

向含水物质和脂肪中加盐

烹饪过程中向含水物质中加盐

调味要彻底,不可以只将盐撒在表面。
面团和其他淀粉类食材:10克/升;
绿色蔬菜、土豆:20克/升。

向脂肪中加盐

盐不溶于脂肪,所以要将盐事先溶在亲水性物质中,如水、醋、柠檬汁等。

盐焗的步骤

盐焗根芹

整个根芹埋在粗盐中密封，盐渍烹饪成的根芹鲜香脆嫩。

制作：10分钟
烹饪：2小时30分钟
静置：40分钟
工具：小锅或平底锅

盐焗时发生了什么

粗盐在根芹外部形成了一道屏障，用以焖制根芹。烹饪的过程中，粗盐会吸收根芹表面的水，同时会快速加热到超过水沸腾的温度（100℃）。因此根芹的外部和内部都会被焖制得鲜美脆嫩。

是否需要加蛋白

蛋白中所含的蛋白质加热会凝固变硬，所以会让粗盐更为坚固。但是粗盐在这里的作用相当于一个容器，所以如果加了蛋白质，就会使容器变得潮湿。因此不需要加入蛋白。

4人份盐焗根芹

1根中等大小的根芹（900克），不剥皮
2千克粗制海盐
60克黄油

1. 将火预热至150℃，将根芹清洗干净并用布擦干。将小锅底部用2~3厘米的粗盐铺平。放入根芹并用剩下的粗盐将其密封。小火烹饪2小时30分钟。关火后，用余热继续焖40分钟。
2. 将黄油在平底锅中融化，敲碎盐块，将根芹从中取出，并切成4份。每个盘子中摆一份根芹，用融化的黄油浇汁。

油脂

要点解析

什么是油脂

是充满脂类物质的食材。

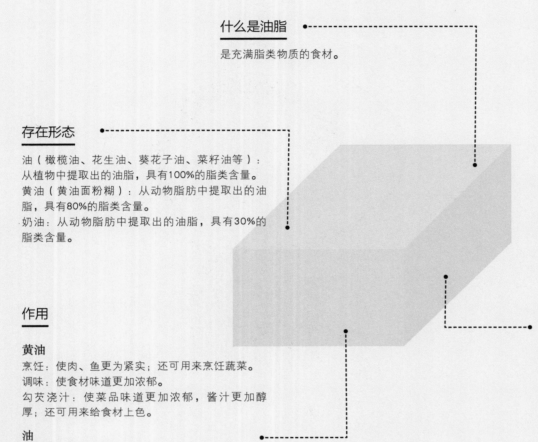

存在形态

油（橄榄油、花生油、葵花子油、菜籽油等）：
从植物中提取出的油脂，具有100%的脂类含量。
黄油（黄油面粉糊）：从动物脂肪中提取出的油
脂，具有80%的脂类含量。
奶油：从动物脂肪中提取出的油脂，具有30%的
脂类含量。

用法

黄油

熔点（物质从固体转化成液体时的温
度）：30~45℃。
耐高温上限：130℃，使用时超过此
温度黄油易变质。

油

提纯食物油（以高温压榨的方法制
得）的烟点：平均200℃，可用以油
炸烹饪食物。
初榨食物油（在低温下压榨制得）的
烟点：100~160℃。
初榨橄榄油例外：烟点和提纯食物油
烟点一致。

作用

黄油

烹饪：使肉、鱼更为紧实；还可用来烹饪蔬菜。
调味：使食材味道更加浓郁。
勾芡浇汁：使菜品味道更加浓郁，酱汁更加醇
厚；还可用来给食材上色。

油

烹饪：油炸、烧烤、烹炒。
调味：在菜品制作完成时加入，用以给菜品提味
（通常使用橄榄油）。

什么是烟点

油温到了一定程度后，油会开始冒烟并产生一
定的有毒物质，此时的温度即是烟点。

食物油烹饪的作用

不用提前炙烤肉类，由于食物油的高温，食材
也能发生强烈的美拉德反应（282页）。但是肉
质的香味无法扩散到其他食材当中（除非是小
火慢慢烹饪）。

黄油烹饪的作用

用黄油烹饪，食材能吸收黄油的味道。

食物油+黄油共同烹饪的作用

开始时使用食物油烹饪，可发生美拉德反应
（282页）；最后以黄油结尾，可使食材带有黄
油的香气。此外，通过混合黄油和食用油，改
变了两种油的成分从而改变了熔点，使得黄油
的熔点更高了。

为什么油脂能让菜肴增添风味

烹饪的过程中，油脂会包裹住食材，加热后油
脂会激发食材本身味道的溢出，从而使菜肴味
道更为浓郁。

澄清黄油

要点解析

杂质　　　　澄清黄油　　　奶清

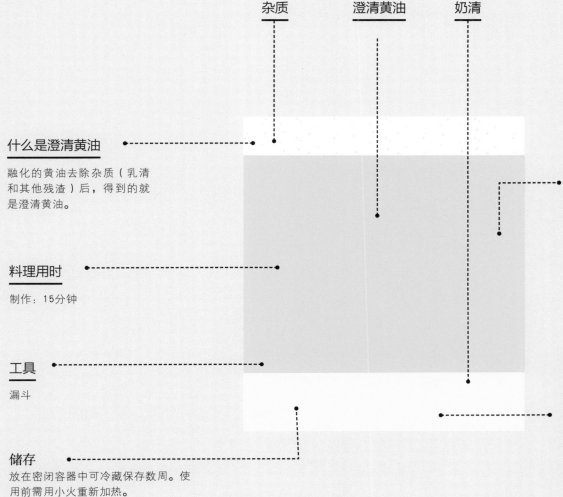

什么是澄清黄油

融化的黄油去除杂质（乳清和其他残渣）后，得到的就是澄清黄油。

料理用时

制作：15分钟

工具

漏斗

储存

放在密闭容器中可冷藏保存数周。使用前需用小火重新加热。

黄油加热的时候，都发生了什么

黄油是一种油脂含量80%的乳液，剩下20%都是水、蛋白质、乳糖。黄油融化后，乳液的稳态被打破：脂类物质（纯黄油）浮在表面；水、蛋白质（奶清）和脂类物质分离，沉在底部。

澄清黄油可用来做什么

澄清黄油的烟点（170℃）要比一般黄油的烟点（120℃）高，因为一般黄油中的蛋白质会在纯黄油前，就加热发生反应，所以一般黄油整体达到烟点的温度要低。因此澄清黄油可以被加热到更高的温度来烹饪菜肴，甚至可以代替食用油煎炒食物。

250克澄清黄油

1. 将黄油切成小方块，用小火将其在小锅中融化，无须搅拌。
2. 大约15分钟后，奶清会析出并沉淀到锅底，液体表面也会浮起一层白色的颗粒。将白色颗粒撇去。
3. 黄油用漏斗过滤，奶清留在小锅底部。注意：要把所有的纯净黄油全部滤出。不使用的话需立即放入冰箱冷藏。

其他做法

用中火将黄油融化，将其全部倒入容器中放至常温。密封放入冰箱（或冷冻柜），待黄油凝固后拿出。将黄油块表面刮净，并擦干放置；随着温度的回升，奶清将从黄油块底部融化流出。此时剩下的部分，就是纯净的黄油了。

注意

在制作澄清黄油的过程中，黄油会失去20%~25%的重量。

酥油：澄清黄油的别称。

柠檬黄油汁

要点解析

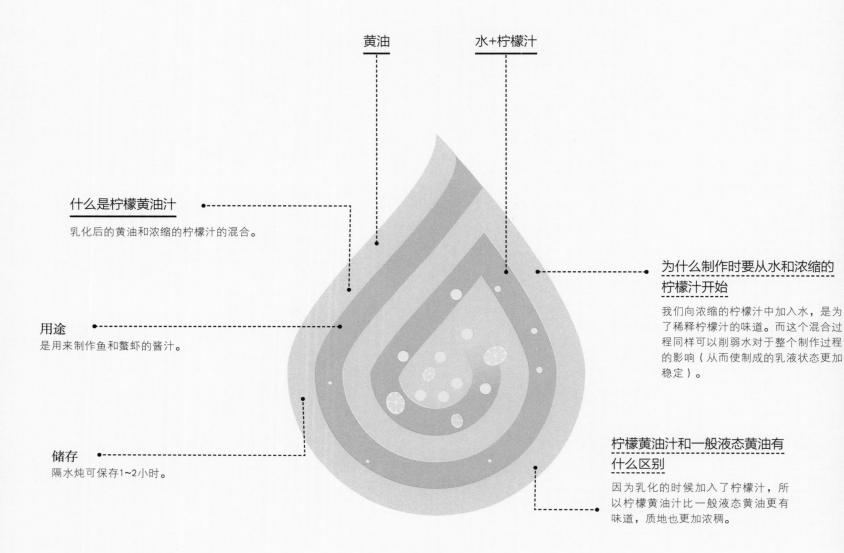

黄油　　　　　水+柠檬汁

什么是柠檬黄油汁
乳化后的黄油和浓缩的柠檬汁的混合。

为什么制作时要从水和浓缩的柠檬汁开始
我们向浓缩的柠檬汁中加入水，是为了稀释柠檬汁的味道。而这个混合过程同样可以削弱水对于整个制作过程的影响（从而使制成的乳液状态更加稳定）。

用途
是用来制作鱼和螯虾的酱汁。

柠檬黄油汁和一般液态黄油有什么区别
因为乳化的时候加入了柠檬汁，所以柠檬黄油汁比一般液态黄油更有味道，质地也更加浓稠。

储存
隔水炖可保存1~2小时。

200克柠檬黄油汁所需食材

乳化黄油

200克固态黄油，切成小块
20克水（2汤匙）
20克柠檬汁（2汤匙）

作料

¼茶匙盐
少许卡宴辣椒粉

1. 在小锅中将水和柠檬汁煮沸，浓缩至四分之一，用时30秒钟至1分钟：在锅内留下1汤匙左右的量。
2. 开中火，在锅中放入一小块黄油，不停地搅拌直到黄油完全融化。
3. 再加入1~2块黄油，继续搅拌至融化。
4. 逐次加入黄油，使所有的黄油完全融化混合。最后加入盐和卡宴辣椒粉调味。

褐色黄油

要点解析

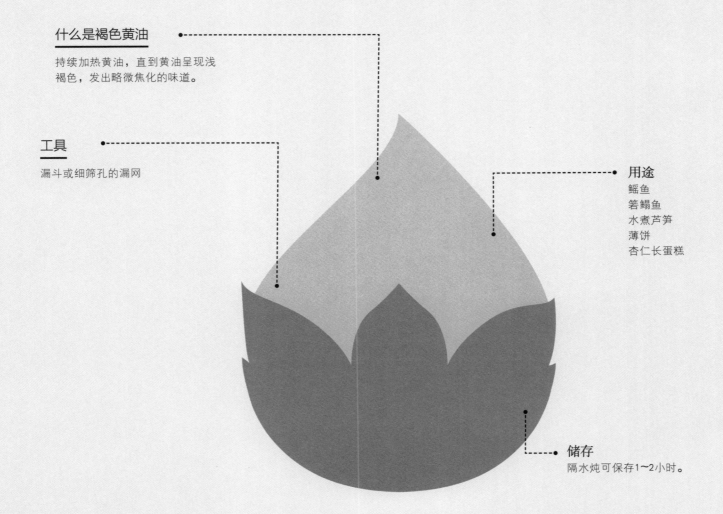

什么是褐色黄油
持续加热黄油，直到黄油呈现浅褐色，发出略微焦化的味道。

工具
漏斗或细筛孔的漏网

用途
鳐鱼
箬鳎鱼
水煮芦笋
薄饼
杏仁长蛋糕

储存
隔水炖可保存1~2小时。

黄油加热的时候，发生了什么
黄油加热的时候，产生了一些带有颜色和气味的浅褐色分子。在蛋白质和乳糖间会发生交互反应（糖的焦化），使黄油带上焦糖的色调。

什么物质给了黄油焦糖味
包含在黄油中的蛋白质和乳糖交互反应，形成浅褐色的物质和焦糖的味道。

150克褐色黄油

200克黄油

1. 将黄油切成块，开中火，在小锅中加热使其融化。
2. 用抹刀不时地搅拌，刮下锅底的残渣。全程观察黄油颜色的变化。
3. 当残渣变成褐色的时候，将液体黄油通过滤网过滤，由此得到褐色黄油。

酸

要点解析

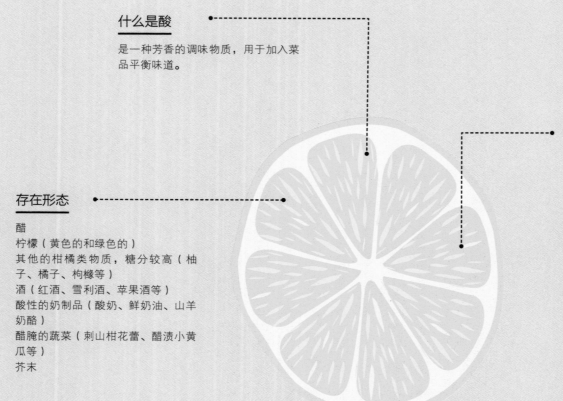

什么是酸

是一种芳香的调味物质，用于加入菜品平衡味道。

存在形态

醋
柠檬（黄色的和绿色的）
其他的柑橘类物质，糖分较高（柚子、橘子、枸橼等）
酒（红酒、雪利酒、苹果酒等）
酸性的奶制品（酸奶、鲜奶油、山羊奶酪）
醋腌的蔬菜（刺山柑花蕾、醋渍小黄瓜等）
芥末

作用

保鲜
加一点酸，能为菜肴增添清新感。

突出味道
在酸醋沙司中，酸味能更好地突出蜂蜜的甜味或是食物油香醇的味道。

香味添加剂
在"味道显现"的顺序中，咸之后就是酸，所以酸的显味能力非常强，可用来制作香味添加剂。

烹调
酸可以加速蛋白质的凝固，所以从某种程度上来说，酸可以用来"烹调"食材（比如，柠檬腌鱼）。

保存
酸可以抑制细菌的滋生（比如，醋腌的蔬菜）；
酸同时也可以阻止蔬菜水果被氧化，像是牛油果、洋蓟、香蕉、苦苣、苹果等。

为什么鱼和柠檬汁掺在一起后，鱼会有一种已经被烹调的口感

柠檬汁是酸性的，而酸可以加速蛋白质的凝固，所以就会让鱼肉有种被烹调的口感。

为什么不小心加错了酸，会破坏一整道菜

因为酸味和咸味一样，一旦加入，能完全改变菜肴的味道。

什么时候加入酸

可以在烹饪菜肴的一开始就加入酸（比如，制作酱汁时一开始就加入酒），但有的时候也会在烹饪结束时加入（比如，在上菜之前加入醋或是柠檬汁，用来突出菜的味道）。

糖醋酱汁

要点解析

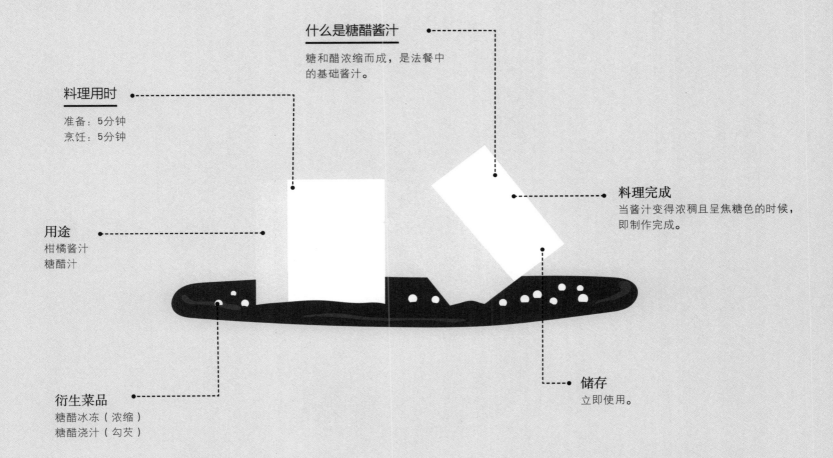

什么是糖醋酱汁

糖和醋浓缩而成，是法餐中的基础酱汁。

料理用时

准备：5分钟
烹饪：5分钟

用途

柑橘酱汁
糖醋汁

衍生菜品

糖醋冰冻（浓缩）
糖醋浇汁（勾芡）

料理完成

当酱汁变得浓稠且呈焦糖色的时候，即制作完成。

储存

立即使用。

为什么加入醋之后，糖会结晶

室温下加入醋之后，会降低焦糖的温度，并使糖结晶：结晶后糖会析出，只要再次升高酱汁的温度，糖又能重新溶解进液体中。

30克糖醋酱汁

40克糖
2汤匙雪利酒醋

1. 制作焦糖：开火，在平底锅底细细铺满一层糖。只要糖变成了透明的糖浆状，就在变成糖浆处的部分搅拌。持续搅拌直到所有的糖都融化，并最终变成琥珀色的焦糖。
2. 关火，倒入醋，等待结晶。
3. 重新开火，直到所有的结晶析出的糖重新融化。

洋葱

要点解析

什么是洋葱

一种既可以用作蔬菜，也可以用作作料的球状植物。

作用

调味：洋葱有一点咸味和甜味。
中和：洋葱可以调和不同的味道（"洋葱"这个词在拉丁语中就是"统一""一个"的含义）。

各种洋葱的用途

白皮洋葱：生吃（做沙拉），或烹熟（通常做馅料）；
黄皮洋葱：烹熟（用作配菜，着酱色等）；
白皮小串洋葱：生吃，或烹熟（和鸡肉一起烹制）；
红皮洋葱或粉皮洋葱：生吃，或烹熟（用作洋葱汤或汉堡）；
铃铛洋葱：烹熟，着酱色（焦糖）或加醋（醋渍小黄瓜）。

洋葱的种类

白皮洋葱：香甜脆嫩；
黄皮洋葱（或是淡黄色）：味道辛辣，有点脆；
红皮洋葱或粉皮洋葱（罗斯科夫粉皮洋葱）：比黄皮洋葱的味道要稍微温和一点，但同样，在烹制时味道会有点淡；
白皮小串洋葱或春生洋葱：味道细腻温和；
铃铛洋葱（微型的黄皮洋葱）：和黄皮洋葱的味道一样，不过铃铛洋葱可以完整食用。

洋葱不同切法的作用

洋葱碎：受洋葱形状以及质地的影响，想要去掉刺激性气味又留住味道，就需要快速地烹饪（如番茄酱汁）。
洋葱片：洋葱的形状想要被保留的话，就需要慢慢地烹饪（如洋葱汤）。
洋葱圈：装饰；生吃（汉堡）；或是烹熟（清煮）。
整个洋葱：用作配菜（铃铛洋葱）；
密尔博瓦调味汁：洋葱在其中是配菜的一种。

生洋葱和熟洋葱有什么区别

生洋葱：味道更新鲜，也更有刺激性；
熟洋葱：味道更温热，也更鲜甜。

为什么切洋葱的时候，会让人流眼泪

因为切洋葱的时候，锋利的刀锋会破坏植物细胞，洋葱细胞中的催泪因子因此会被释放出来。

为什么洋葱也会焦化

受热后，洋葱中的蛋白质有的被分解成含芳香味道的氨基酸，这些氨基酸可以和糖反应散发出带有焦味和甜咸的味道。

洋葱和红葱头有什么区别

红葱头外形和洋葱几乎一样，但没有洋葱刺激性的味道。

洋葱的切法及烹饪方法

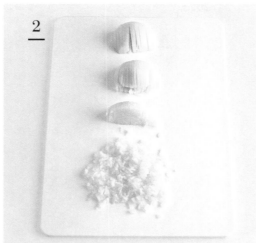

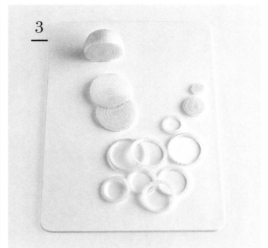

1. 洋葱片

洋葱片是什么？将洋葱对半切开，再切片。

将洋葱自上而下切开（不是拦腰切），切口朝下放在案板上固定，切掉头尾；再顺着纹路斜刀切成薄片。

2. 洋葱碎

洋葱碎是什么？将洋葱切成的超小块。

自上而下将洋葱切成两半，切口朝下放在案板上固定，用厨刀顺着纹路切成薄片，头尾去掉。将洋葱薄片叠放起来，用手指摁住，逆着纹路再切2~3刀。最后用厨刀将洋葱细细地剁碎。

3. 洋葱圈

洋葱圈是什么？洋葱被切成细薄的环状。

顺着洋葱头尾的方向，将洋葱横放在案板上；从根部开始，用厨刀将整个洋葱切分成2~3毫米厚的洋葱圈。

4. 炒洋葱

炒洋葱是什么？烹饪小片洋葱，直到其变软（当洋葱细胞脱水后，洋葱就会变软）。

烹饪的洋葱越小，洋葱被炒熟变软得越快。加少许盐，能让这个过程更快。开中火，在平底锅中融化一块黄油（每个洋葱大概需要10克黄油），将切好的洋葱倒入锅中翻炒，直到洋葱变软但未上色。

5. 焦化洋葱

焦化洋葱是什么？接着上一步继续翻炒洋葱，直到洋葱带上浅褐色。

开火，在平底锅中融化一块黄油（每个洋葱大概需要10克黄油），将切好的洋葱倒入锅中翻炒，炒到洋葱变软。继续炒，直到洋葱带上些许琥珀色。如果希望焦糖味道更重，可再加入少量的糖（每个洋葱大概需要半茶匙糖）。

土豆

要点解析

土豆是什么

土豆和番茄是同一科目下的草本植物,可以被食用的部分是它的小块茎。

分类

时鲜的土豆:在成熟前就于春季收获,4月到8月中旬都可食用。皮薄,肉质细腻,带一点甜味。在收获的时节都可购买食用。

储存的土豆:完全成熟后才在9月到10月份收获,置于6℃以下的黑暗空间中,可以存放数月。

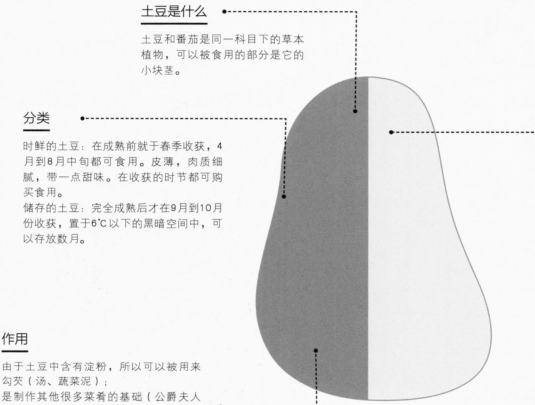

相关菜品

奶香烤土豆片(焖烤)
细薯条、薯条、粗薯条(炸)
英格兰土豆(煮)
安娜土豆(工整摆盘入烤箱烤)
面包师土豆(入烤箱用文火蒸煮)
炒土豆片(在平底锅中翻炒)
炖土豆(在白色高汤中煨熟)
速烫小块土豆(在沸水中速煮)
城堡土豆(用黄油和食物油烘烤)
土豆泥(蒸煮)
带皮土豆(土豆带皮用水煮或者用烤箱烤制)

作用

由于土豆中含有淀粉,所以可以被用来勾芡(汤、蔬菜泥);
是制作其他很多菜肴的基础(公爵夫人土豆、奶香烤土豆片等);
也可用于制作配菜(土豆泥、蒸土豆、炒土豆等)。

土豆种类

质地紧实的土豆

特点:土豆在烹饪过程中没有被粉化。
用途:沙拉、高温蒸或炒。
例子:
红宝石土豆(外皮红色);
红皮马铃薯(外皮深粉色,果肉呈黄色,有一点甜味);
丰特内土豆(一个古老的品种,果肉呈深黄色,带一点坚果的味道);
蓬巴杜土豆(来自庇卡底地区);
小马铃薯(带有栗子的香气)。

多汁鲜嫩的土豆

特点:适用于多种料理。
用途:蔬菜浓汤(土豆可以完全吸收酱汁中的味道),还可用来制作烘面包属土豆。
例子:蒙娜丽莎土豆,尼古拉土豆(果皮和果肉都是黄色)。

肉质绵软的土豆

特点:烹饪的过程中被粉化了(烹饪结束后将果肉捣碎,土豆就会因为失去结构而变得绵软)。
用途:烹炸、做浓汤或烤土豆。
例子:宾什土豆(体积很大),阿尔在弥斯土豆(果肉呈偏白色的淡黄色),雅格土豆(果皮和果肉都是黄色)。

处理

去掉土豆表皮的杂质和寄生虫等,但要注意不要破坏土豆表皮。将土豆放置在冷水或是冰箱中,用时即取。

土豆中的淀粉起到什么作用

在土豆中,复合碳水化合物(即淀粉)是热量的主要来源;而土豆中的淀粉因为质地浓稠,同时也起到了增稠的作用。

土豆的切法

1

2

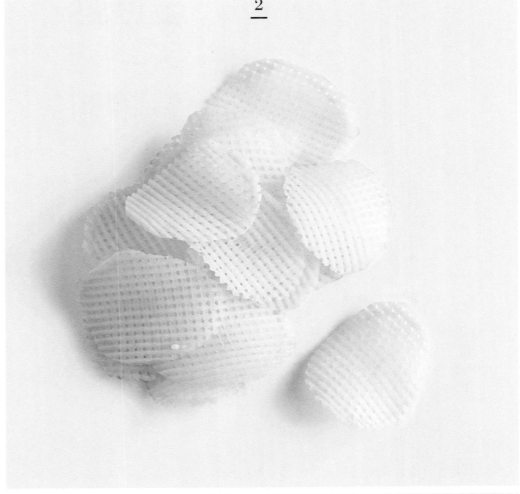

3

4

5

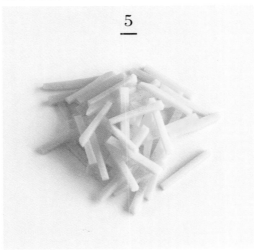

6

1. 薯片

薯片是什么？1毫米厚的圆形切片。

将土豆不规则的部分切掉，尽量将土豆削成一个圆柱体。最后切成1毫米厚的圆形切片。

2. 薯格

薯格是什么？带有格子的圆形切片。

选择中等大小、形状规则的土豆，清洗，将其削成圆柱形。在蔬菜切片器上先竖着擦一下，再旋转90度，横着擦一下。带有格纹的薯格即制作完成。

3. 土豆丝

土豆丝是什么？大约1.5毫米厚的细丝。

将土豆切成大约1.5毫米厚的薄片，再用蔬菜切片器将其切成1.5~2毫米厚的细丝。

4. 粗薯条

粗薯条是什么？是大约1厘米厚、6~7厘米长的土豆小棍。

将土豆不规则的部分切掉大约2毫米，留下一个可以立在案板上的切面。将土豆切成几个大约1厘米厚、6~7厘米长的厚片。将几个厚片叠放在一起，接着切出1厘米见方、6~7厘米见长的小棍。

5. 薯条

薯条是什么？是大约8毫米厚、5厘米长的土豆小棍。

和切粗薯条的过程一样，不同的是，最后土豆小棍的厚度是8毫米，长度是5厘米。

6. 细薯条

细薯条是什么？是大约5毫米厚、5厘米长的土豆小棍。

和切粗薯条的过程一样，不同的是，最后土豆小棍的厚度是5毫米，长度是5厘米。

土豆泥

要点解析

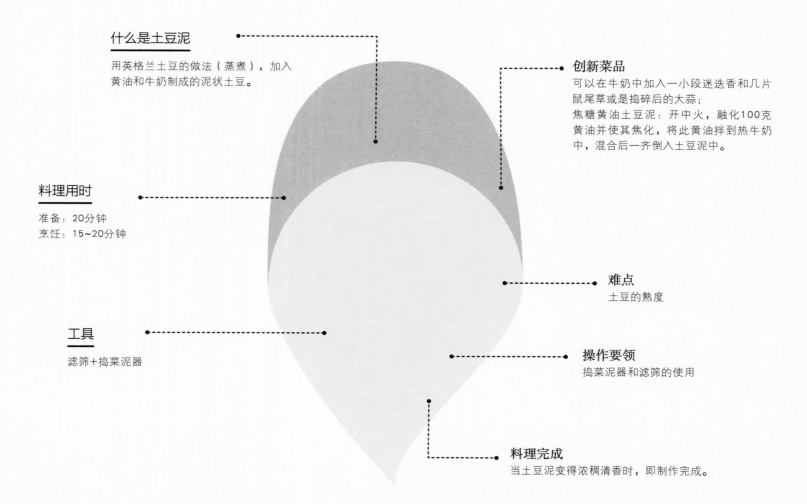

什么是土豆泥
用英格兰土豆的做法（蒸煮），加入黄油和牛奶制成的泥状土豆。

创新菜品
可以在牛奶中加入一小段迷迭香和几片鼠尾草或是捣碎后的大蒜；
焦糖黄油土豆泥：开中火，融化100克黄油并使其焦化，将此黄油拌到热牛奶中，混合后一齐倒入土豆泥中。

料理用时
准备：20分钟
烹饪：15~20分钟

难点
土豆的熟度

工具
滤筛+捣菜泥器

操作要领
捣菜泥器和滤筛的使用

料理完成
当土豆泥变得浓稠清香时，即制作完成。

为什么不能用电动搅拌器制作土豆泥
电动搅拌器的刀片会切碎土豆中的淀粉分子；而淀粉分子可以为土豆泥内部提供弹性的物理作用；淀粉分子一旦破碎，土豆泥也不再具有浓稠爽滑的口感了。

加入的食材中，哪些含有脂肪
牛奶和黄油都富含脂肪。此外，因为脂肪物质容易吸收香料的味道，所以融化黄油就能突出百里香和月桂叶的香气。

窍门
提前几小时将土豆泥准备好，使用的时候加入100毫升左右的水，用中火重新加热。能使烹饪更为方便。

具体步骤

4人份土豆泥

土豆泥

900克肉质绵软的土豆
（蒙娜丽莎土豆、阿加塔土豆、桑巴土豆）
1汤匙粗盐
180毫升全脂牛奶
85克黄油
1瓣大蒜

配菜

1枝百里香
1片月桂叶

作料

½茶匙盐
胡椒粉（研磨器转6下）

最后加入

20克黄油

1. 清洗土豆并削皮，将其切成5厘米左右大小的土豆块，放入大锅中。
2. 向大锅中加水（大约3厘米的高度），将水煮沸后加入粗盐，接着滚煮（不需大火煮沸）15~20分钟。
3. 将大蒜剥好并切成两半。开中火，用小锅加热牛奶，并放入盐、黄油、胡椒粉、百里香、月桂叶和大蒜；直到黄油融化，黄油牛奶开始沸腾时，立即关火。

4. 将土豆沥干，用小火烘干大约1分钟，并不停地搅动。
5. 趁土豆还温热的时候，用捣菜泥器和滤筛，在大锅上方，将土豆压捣成土豆泥。
6. 用漏勺取出百里香、月桂叶和大蒜，将牛奶缓缓倒入土豆泥所在的大锅中，用抹刀不停地搅拌。尝一下土豆泥的味道，然后加入作料。
7. 最后加入20克的黄油，在土豆泥中搅拌成半奶油状态（每人份平均5克黄油）。

公爵夫人土豆泥

要点解析

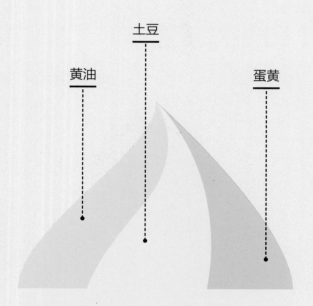

黄油　　　土豆　　　蛋黄

什么是公爵夫人土豆泥

公爵夫人土豆泥是用烹饪熟的土豆透过滤筛压捣成泥，再加入黄油和蛋黄。搅拌均匀后装入裱花袋中，挤出花型。花型需放入烤箱中烤制，成品可直接食用，或是用作其他菜品的装饰。

料理用时

准备：30分钟
烹饪：12~15分钟

工具

滤筛+捣菜泥器
裱花袋+有凹槽的裱花嘴（口径15毫米）
刷子

用途

装饰烤肉。
用作配菜。

操作要领

挤花。（281页）

为什么要用粗盐烹饪土豆

这种烹饪方法要比英格兰土豆烹饪法（水煮）花费的时间更长，但能保证质地更为干燥（盐可以吸收土豆表面的水分）。因为质地更为干燥，其中的淀粉也会因为缺水而无法膨胀，从而让在这种方式下烹饪出来的土豆没有那么爽滑浓稠。

创新菜品

可乐饼：公爵夫人土豆泥无须装入裱花袋中，而是制作成圆球状，撒上面包粉，过油炸。
杏仁土豆：将公爵夫人土豆泥做成杏仁的形状，再配以杏仁。
马铃薯多芬（244页）：公爵夫人土豆泥+鸡蛋松软面团。

窍门

在土豆温热的时候装入裱花袋，能更好地操作塑形。

具体步骤

35~40块公爵夫人土豆泥

公爵夫人土豆泥

500克土豆（宾什土豆或蒙娜丽莎土豆）
100~150克粗盐
50克黄油
3个蛋黄

作料

少许肉豆蔻
½茶匙盐
胡椒粉（研磨器转6下）

最后调味

20克黄油

1. 烤箱预热至200℃，将土豆清洗去皮，并用吸水纸干燥待用。在锅中铺满一层粗盐，将土豆放置在上面。开火，根据土豆的大小炙烤45分钟至1个小时。查看土豆最厚实的部分，确定土豆是否炙烤熟透。如果还没熟透，继续炙烤。
2. 将50克的黄油切成小丁，放到阴凉处备用。融化20克黄油，用刷子将其刷到面点专用烤盘上。将剩下的黄油倒入小锅中。
3. 用一个勺子将土豆的果肉挖出来，并用滤筛和捣菜泥器将其捣制成泥。

4. 开小火，将土豆放入小锅中，加入刚刚准备好放凉备用的黄油，用刮刀不停地搅拌，防止粘锅。
5. 关火，逐个加入蛋黄，并不停地搅拌。最后加入作料。
6. 再开小火，快速搅拌土豆泥1~2分钟，直到表面变得光滑细腻，关火。
7. 将裱花嘴装入裱花袋，土豆泥倒入裱花袋中，在预先刷上一层黄油的面点专用烤盘上挤出花型。随后再次在花型上刷一层黄油。放入烤箱中烤制12~15分钟，直到有香气飘散出来。

鸡蛋

要点解析

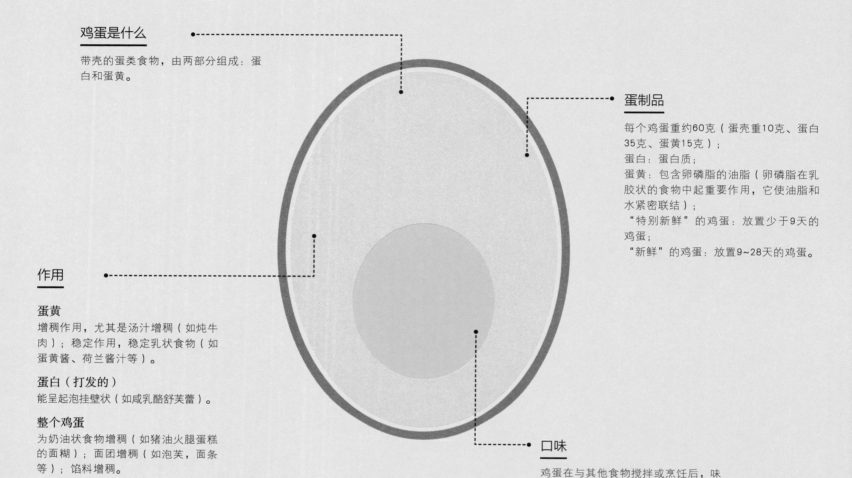

鸡蛋是什么
带壳的蛋类食物，由两部分组成：蛋白和蛋黄。

蛋制品

每个鸡蛋重约60克（蛋壳重10克、蛋白35克、蛋黄15克）；
蛋白：蛋白质；
蛋黄：包含卵磷脂的油脂（卵磷脂在乳胶状的食物中起重要作用，它使油脂和水紧密联结）；
"特别新鲜"的鸡蛋：放置少于9天的鸡蛋；
"新鲜"的鸡蛋：放置9~28天的鸡蛋。

作用

蛋黄
增稠作用，尤其是汤汁增稠（如炖牛肉）；稳定作用，稳定乳状食物（如蛋黄酱、荷兰酱汁等）。

蛋白（打发的）
能呈起泡挂壁状（如咸乳酪舒芙蕾）。

整个鸡蛋
为奶油状食物增稠（如猪油火腿蛋糕的面糊）；面团增稠（如泡芙，面条等）；馅料增稠。

口味

鸡蛋在与其他食物搅拌或烹饪后，味道会更加明显，它有助于锁住食物本身的味道。

如何防止水煮蛋在煮时蛋壳裂开
将鸡蛋放入沸腾前冒着气泡、但并非完全沸腾翻滚的水中，即使是低温鸡蛋也不会裂开。

如何使蛋白更容易打发
使用干净的搅拌器，蛋白中不留一点蛋黄的痕迹，因为蛋黄的油脂不利于打发蛋白。

什么温度下鸡蛋会凝结
蛋白在61℃的条件下发生凝结，蛋黄则是68℃。

为什么蛋黄有助于食物乳化
因为在搅拌时，蛋黄中的油脂和蛋白质可以变为乳化物并且使之稳定。

窍门
为了方便剥壳，可以将煮好的鸡蛋在冷水中浸泡5分钟，取出后先将较大的一端剥壳，并将气室内的薄膜撕掉。"特别新鲜"的鸡蛋比"新鲜"的鸡蛋要更易剥壳。

鸡蛋变化
常温条件下烹饪3分钟成为半熟蛋；5分钟为溏心蛋；10分钟为全熟蛋。

鸡蛋的做法

带壳煮鸡蛋

锅中加入凉水煮至沸腾，从冰箱中取出鸡蛋用漏勺轻轻放入水中，调至中火继续煮。

1. 半熟蛋
   蛋白半凝固，蛋黄仍是液体；放入热水4分钟后捞出即可。

2. 溏心蛋
   蛋白凝固，蛋黄呈奶油状；放入热水6分钟后捞出即可。

3. 全熟蛋
   蛋黄蛋白均呈凝固状；放入热水12分钟后捞出即可。

去壳烹饪鸡蛋

4. 煎鸡蛋（炒锅或平底锅）
   鸡蛋不搅动：蛋白凝固，蛋黄呈奶油状。

   "传统"煎蛋是将鸡蛋放在一个小平底锅中置于灶炉上煎制。将鸡蛋打入模具中，开大火，在不粘锅中融化10克黄油，当黄油开始焦化时，倒入鸡蛋，调至中火。煎1~2分钟至蛋白微微变色，撒上少许盐和少许胡椒粉（研磨器转1下）即可。

5. 炒鸡蛋
   搅打鸡蛋：得到柔软并呈奶油状的蛋液。

   碗中打入4个鸡蛋，搅拌均匀后加入½茶匙盐和少许胡椒粉（研磨器转1下）。取一小型平底锅，调至中火，加入10克黄油，黄油融化并停止冒泡后倒入鸡蛋。快速搅拌直至鸡蛋微微成型。调至文火继续搅拌1分钟。鸡蛋没有完全熟透时关火加入10克黄油，搅拌均匀即可。

煎蛋卷

要点解析

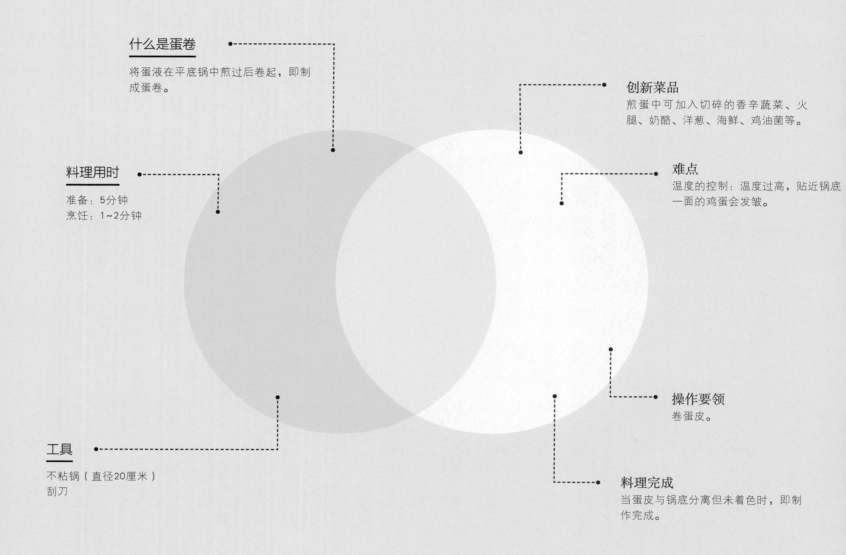

什么是蛋卷
将蛋液在平底锅中煎过后卷起，即制成蛋卷。

料理用时

准备：5分钟
烹饪：1~2分钟

工具

不粘锅（直径20厘米）
刮刀

创新菜品
煎蛋中可加入切碎的香辛蔬菜、火腿、奶酪、洋葱、海鲜、鸡油菌等。

难点
温度的控制：温度过高，贴近锅底一面的鸡蛋会发皱。

操作要领
卷蛋皮。

料理完成
当蛋皮与锅底分离但未着色时，即制作完成。

为什么要避免蛋液搅拌过度

为了避免鸡蛋起泡；因为蛋白质会锁住空气并在煎制过程中产生气泡，这会影响煎蛋的口感。

为什么要避免鸡蛋着色

一旦鸡蛋着色，蛋白质就会发生凝结，这会影响煎蛋的口味和口感。

烹饪时长不同，成品不同
半生的鸡蛋（蛋黄黏稠半流动）：煎1~2分钟；
半熟的鸡蛋（鸡蛋都已变成固体，但非常嫩）：煎1~2分钟后关火，盖上锅盖静置1分钟；
熟透的鸡蛋：煎1~2分钟后关火，盖上锅盖静置2分钟。

窍门
为了避免鸡蛋着色，可以保持中火并不停翻动；若使用燃气炉灶煎制，先将锅文火预热5分钟，然后调至中火融化黄油。因为燃气会使锅受热不均匀，导致锅中心部分的鸡蛋变色。

1小张煎蛋卷

3个新鲜鸡蛋
15克黄油
¼茶匙盐
胡椒粉（研磨器转3下）

1. 将鸡蛋打入搅拌盆中，加入胡椒粉和盐，搅拌至蛋液微微起泡。加入5克切成小块的黄油。

2. 开中火预热不粘锅，将黄油融化；蛋液一次性倒入锅中，几秒钟后用刮刀以圆形将蛋液摊平，此过程持续1~2分钟，最终得到完整的圆形蛋皮。

3. 当蛋皮成型时关火，将锅倾斜放置并沿鸡蛋¼处折叠，将另一侧鸡蛋稍微抹平并卷起。将蛋卷盛出，折叠的一面朝下放置在盘中。

4. 如果希望蛋卷微微鼓起，可以用手适当调整蛋卷形状。

荷包蛋

要点解析

什么是荷包蛋

一整个鸡蛋去壳后在热水中滚煮制而
成：蛋白凝固，蛋黄半凝固。

工具

小锅和漏勺

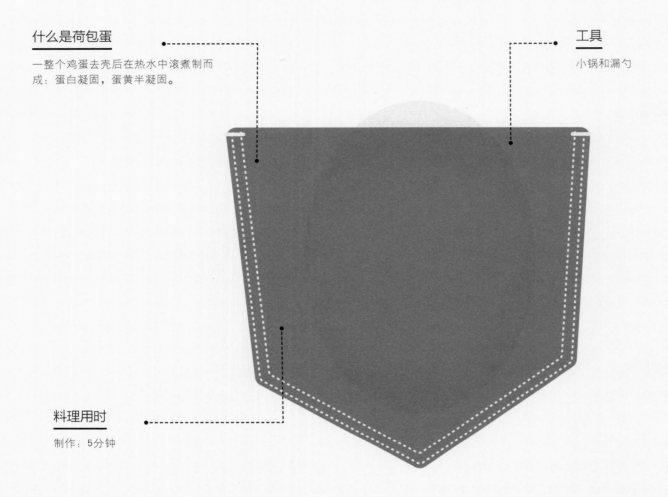

料理用时

制作：5分钟

为什么要提前将鸡蛋从壳中打出

为了使蛋白液体不会松散，在凝固后也能让整
个鸡蛋保持一个完整美观的形状。有了这个步
骤，之后的烹饪过程当中也就不必再加醋了。

为什么时不时要向水中加适量的醋

醋可以加快蛋白质的凝固，从而让蛋白快速包
裹住蛋黄形成一个完整的圆饼状。而在本篇菜
品介绍中，我们已经将鸡蛋提前打出，所以不
会出现蛋白散开在水中的情况。仍继续加醋的
原因是，加一点醋会让荷包蛋的味道更好。

荷包蛋和溏心蛋有什么区别

溏心蛋是带着壳的一整个鸡蛋在水中烹饪而
成的（在烹饪的过程中鸡蛋的形状就已经逐
渐形成）。

为什么鸡蛋要打入打着转的沸水中

打着转的沸水可以让蛋白更好地包裹住蛋黄，
从而形成固定的形状；同时沸水的烹煮也让蛋
白更加凝固，质地变得更加坚硬。

具体步骤

1个荷包蛋

1个新鲜鸡蛋
少许盐
胡椒粉（研磨器转1下）

1. 小锅中盛满水加热；将鸡蛋打入一个小碗中备用。
2. 将漏勺置于一个大碗的上方，将鸡蛋漏过漏勺；蛋黄会留在漏勺上，而蛋清会漏入大碗（这样能使蛋清更加稀薄，从而能更好地将蛋黄包裹住）。
3. 将鸡蛋重新倒入小碗中，等水煮沸后调至小火，用刮刀将水轻轻旋转起来。将鸡蛋倒入水涡的中心，小火煮90秒钟至2分钟，并轻轻按压蛋白直到蛋白烹饪成型。
4. 关火，用漏勺将荷包蛋捞出，小心放置到吸油纸上，最后加盐和胡椒粉调味。

炸鸡蛋

要点解析

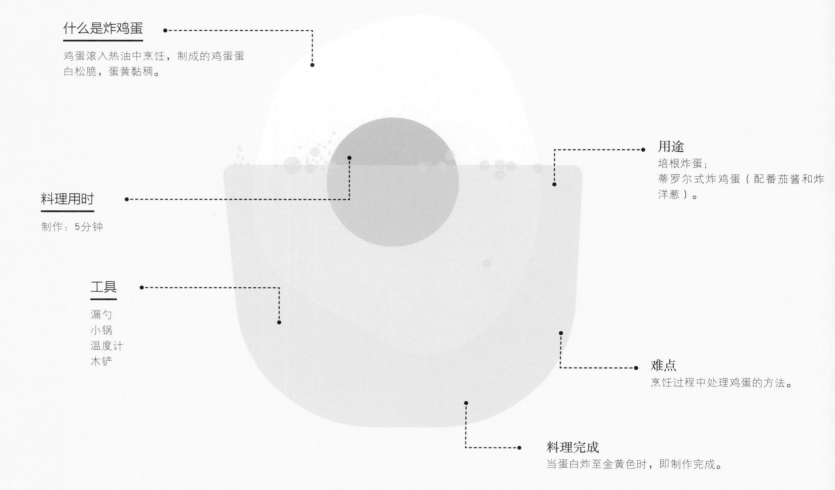

什么是炸鸡蛋

鸡蛋滚入热油中烹饪，制成的鸡蛋蛋白松脆，蛋黄黏稠。

料理用时

制作：5分钟

工具

漏勺
小锅
温度计
木铲

用途
培根炸蛋；
蒂罗尔式炸鸡蛋（配番茄酱和炸洋葱）。

难点
烹饪过程中处理鸡蛋的方法。

料理完成
当蛋白炸至金黄色时，即制作完成。

为什么最好使用"特别新鲜"的鸡蛋

"特别新鲜"的鸡蛋中卵黄系带会发挥很重要的作用，在烹炸过程中也能使鸡蛋保持完好的形状。

为什么烹饪的时间这么短

沸油比沸水的温度（100℃）要高很多，在190℃的油温下，鸡蛋熟得更快也更彻底。

怎样在鸡蛋外围形成金黄色的酥皮

高温会让鸡蛋外围的网状蛋白质变干，从而使鸡蛋外围变得酥脆。

具体步骤

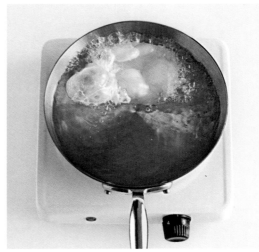

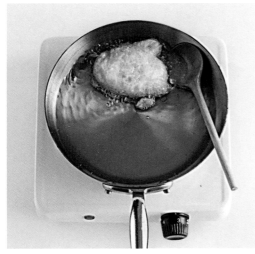

1个炸鸡蛋

1个 "特别新鲜" 的鸡蛋
200毫升花生油
少许盐

1. 将鸡蛋打入一个小碗中。
2. 将小锅中的油预热至190℃，微微倾斜小锅使油汇到一处，以保证烹饪过程中鸡蛋能被油完全浸没。

3. 鸡蛋下锅后蛋白会鼓胀起泡；此时要快速用木铲将小泡归回蛋黄周围，以形成扁平的圆饼状。最多炸1分钟，蛋黄就变得黏稠，而蛋白也已凝固。
4. 用漏勺将鸡蛋捞出并放置在吸油纸上，撒盐调味。

烹饪教学
煎

要点解析

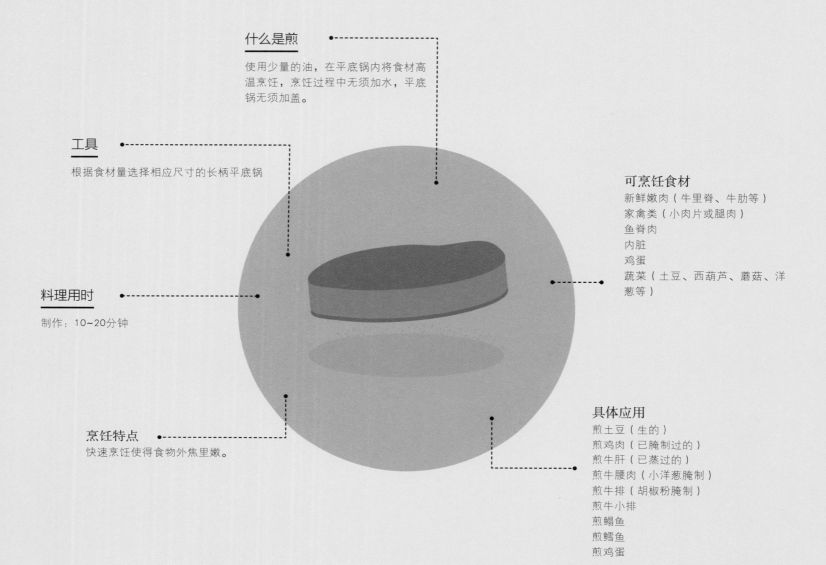

什么是煎
使用少量的油，在平底锅内将食材高温烹饪，烹饪过程中无须加水，平底锅无须加盖。

工具
根据食材量选择相应尺寸的长柄平底锅

料理用时
制作：10~20分钟

烹饪特点
快速烹饪使得食物外焦里嫩。

可烹饪食材
新鲜嫩肉（牛里脊、牛肋等）
家禽类（小肉片或腿肉）
鱼脊肉
内脏
鸡蛋
蔬菜（土豆、西葫芦、蘑菇、洋葱等）

具体应用
煎土豆（生的）
煎鸡肉（已腌制过的）
煎牛肝（已蒸过的）
煎牛腰肉（小洋葱腌制）
煎牛排（胡椒粉腌制）
煎牛小排
煎鳎鱼
煎鳕鱼
煎鸡蛋

注意事项
用平底锅烹饪使食物外焦里嫩的有关信息，请参考美拉德反应（282页）。

为什么要在烹饪过程中浇汁食材
这样可以使食物的色泽更加好看，而且通过浇汁可以让肉的口感和香味更加诱人。

煎和焖烩类的区别在哪里
焖烩类：食材在锅中与配料中蔬菜的汤汁一起加锅盖烹调，烹调过程是有汤汁的。而煎类烹调过程中没有汤汁。

具体步骤

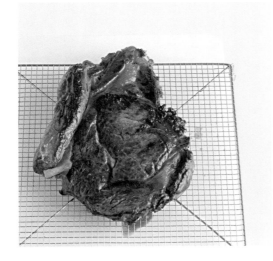

2人份煎牛肋排佐罗克福酱

600克牛肋排
30毫升橄榄油
30克黄油
50克罗克福奶酪
100克鲜奶油
1个小洋葱
70克芝麻菜
1茶匙盐
胡椒粉（研磨器转3下）
½茶匙盐之花

1. 小洋葱切丁，芝麻菜清洗干净，沥干水。锅中倒油加热。用厨房纸将牛肋排裹住吸干水分然后腌制，等到油热之后将牛肋排放入锅中煎2分钟。

2. 翻面，然后将火稍关小，放入黄油。

3. 继续煎2分钟，并不停地以起泡的黄油浇淋牛肋排。

4. 将排骨裹入铝箔纸中置于网盘上。

5. 调至中火，清理锅内部分油汁，放入洋葱丁，将其稍煸一会儿。倒入50毫升冷水，烧至其沸腾后，继续烧至近乎全干。

6. 放入鲜奶油和罗克福奶酪，使其混合融化，然后放入大部分芝麻菜，继续与奶油和奶酪搅拌至其变软，然后将剩余的芝麻菜加入锅中，放盐，直到所有的芝麻菜变熟。

7. 将胡椒粉撒在铝箔纸中的牛肋排上，再撒上盐之花，然后就可以与酱汁一起上桌了。

烤

要点解析

什么是烤制

用烧烤架或烧烤炉高温烹制肉片、家禽或者蔬菜。肉类经过烤制之后的肉汁味道鲜美浓郁，表面有一层细细的油花。

工具

带有网格盘的烧烤架或烤箱，可以将肉放入烤箱内烤制，也可以直接在火上烤。

有条件的话可以使用能够放入烤箱的温度计，并将温度计放入食物内部。

操作要领

在烤制前先将肉在大火中迅速炸或煎一遍，使肉的味道、色泽更加诱人，口感更焦脆。

可烹饪食材

整只家禽
烤西葫芦
第一级柔软部位（见278页）
部分蔬菜（土豆、西葫芦、茄子等）

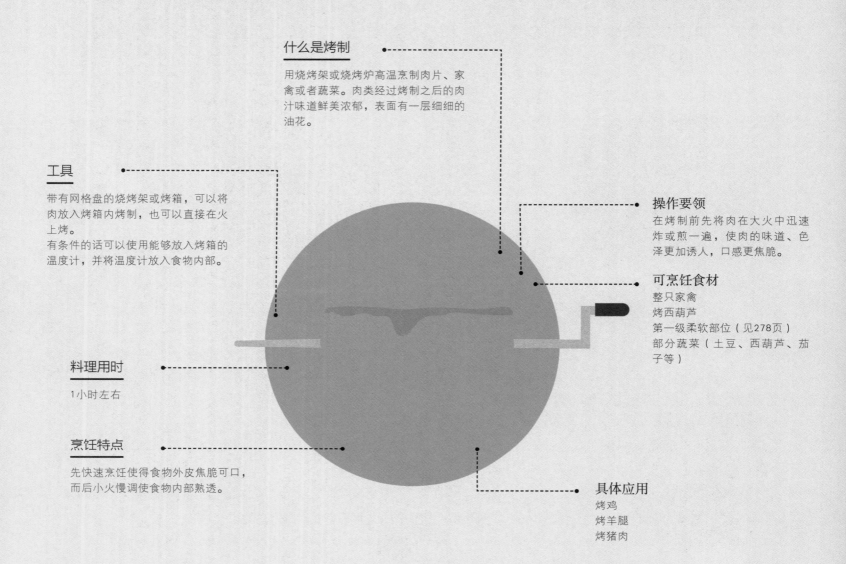

料理用时

1小时左右

烹饪特点

先快速烹饪使得食物外皮焦脆可口，而后小火慢调使食物内部熟透。

具体应用

烤鸡
烤羊腿
烤猪肉

注意事项

将肉烤制之前必须经过腌制或处理。一开始需高温烤制使肉的外皮焦脆可口，然后调低温度慢慢烤制肉的内部。

为什么要腌制肉

为了使肉的色泽更加好看，香味更加浓郁。

为什么在烤制之后要将肉在网格盘上静置一会儿

这样做是为了沥干多余的肉汁，以防肉汁破坏外皮焦脆的口感，也是为了提高肉质的口感。同时，短时间的静置可以使肉的色泽更加均匀好看。所以，根据肉的大小，让其静置10~20分钟。

烹饪温度

厚肉片：高温烤制（220℃），然后低温烤制（160℃）。

薄肉片：高温烤制（220℃），但应避免温度过高（240℃及以上）。为了保证肉的色泽度，在烤熟之后应将肉从烤架上及时取下来。

肉温

当温度计上的温度低于以下适宜温度5℃以内时，将肉从烧烤架上取下。

红肉：

三分熟：50℃
五分熟：55℃
七分熟：60℃
全熟：70℃

猪肉：

六到七分熟：70℃
熟度刚刚好的：75℃

羊肉：

六到七分熟：60℃
熟度刚刚好的：70℃
牛肉：70℃
禽类：75~80℃
鱼肉：50℃

具体步骤

4人份烤猪肉

1千克猪里脊（带皮带油且用绳子捆好的）
4个红葱头
5汤匙橄榄油
4瓣大蒜
5片鼠尾草叶
5枝百里香
2茶匙盐
胡椒粉（研磨器转12下）

1. 烤箱预热至220℃。剥去大蒜、红葱头表皮。将大蒜和洋葱切成2~3片。洗净鼠尾草叶和百里香备用。
2. 用厨房纸将肉上的水分吸干，然后用刀在肥肉层划上一个间距为1厘米左右的口子（如上图），注意不要划到瘦肉。
3. 将盐和胡椒粉均匀地撒在肉上，然后将大蒜、百里香和鼠尾草叶固定在绳子下面。
4. 再将盐和胡椒粉均匀地撒在用刀划开的口子中，再在整个肉的表面涂上2汤匙橄榄油。
5. 在火上炙烤的一面涂3汤匙橄榄油，带有肥肉的一面朝上，在烤盘中放一些红葱头，将肉放置在烤网上烤制20分钟。然后将温度降到160℃，继续烤制35分钟。随后将肥肉的一面翻过来，在火上烤制1~2分钟，直到肉层肥厚，表皮松脆。最后用铝箔纸将其包裹起来，静置15分钟。
6. 取下捆猪肉用的绳子，去掉烤盘中的红葱头。将烤制过程中渗出的油汁收集起来，并倒入150毫升的冷水，放到火上加热。待其沸腾后转小火加热，直到汁液变得浓稠。加入作料调味并通过漏勺过滤。

炙烤

要点解析

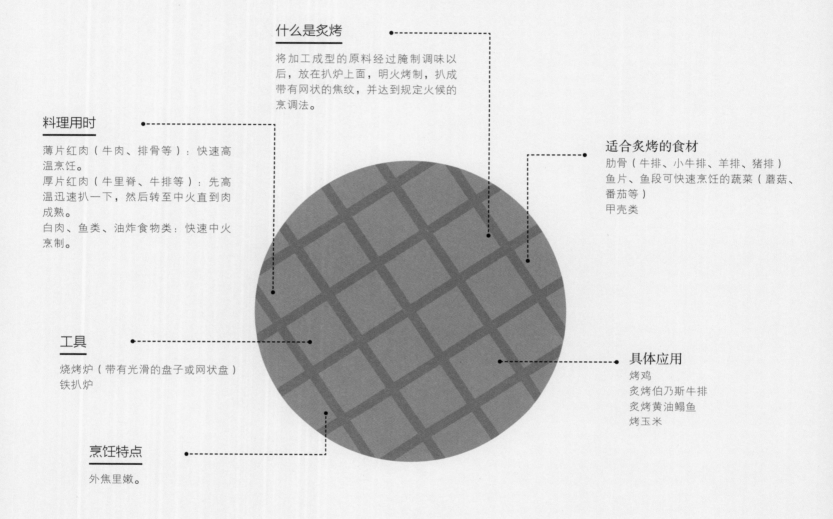

什么是炙烤

将加工成型的原料经过腌制调味以后，放在扒炉上面，明火烤制，扒成带有网状的焦纹，并达到规定火候的烹调法。

料理用时

薄片红肉（牛肉、排骨等）：快速高温烹饪。
厚片红肉（牛里脊、牛排等）：先高温迅速扒一下，然后转至中火直到肉成熟。
白肉、鱼类、油炸食物类：快速中火烹制。

适合炙烤的食材

肋骨（牛排、小牛排、羊排、猪排）
鱼片、鱼段可快速烹饪的蔬菜（蘑菇、番茄等）
甲壳类

工具

烧烤炉（带有光滑的盘子或网状盘）
铁扒炉

具体应用

烤鸡
炙烤伯乃斯牛排
炙烤黄油鳎鱼
烤玉米

烹饪特点

外焦里嫩。

注意事项

使食物外焦里嫩的有关烹饪信息，请参考美拉德反应（282页）。

食物为什么不能炙烤太久

铁扒时间过久会有损肉质的口感和味道，同时也会导致有毒物质的形成，肉的口感会硬涩难嚼。

静置

将肉烤好之后在铝箔纸中静置5~10分钟，使肉质的色泽更加均匀好看，也会提升其口感。

具体步骤

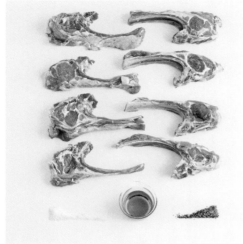

4人份香烤小羊排

8块新鲜小羊排
2汤匙橄榄油
1茶匙盐
胡椒粉（研磨器转8下）

1. 在羊排上均匀涂抹橄榄油，然后撒上盐。
2. 将厨房纸用橄榄油浸透，然后擦拭扒炉或棱纹铁扒锅的网状盘，使其覆上一层橄榄油。然后开火加热。

3. 将羊排放在网状盘上烤1分钟，然后转90度继续烤1分钟，翻面，以同样方式烤出格纹。最后将羊排盛在盘子中，撒上胡椒粉。

煨

要点解析

什么是煨

将食材放入水或基础汤中慢慢烹调熬制。选取肉类为食材时，一般要先煎上色。

工具

小锅、平底炒锅：锅沿较深，质地较厚（保温效果好），并且通常都带有锅盖。

料理用时

本书278页中的二等或三等肉类需要4~5小时，火温为150℃。
鱼类和多汁的蔬菜：最多30分钟。

烹饪特点

先将肉速煎上色，然后在水或基础汤中烹调。

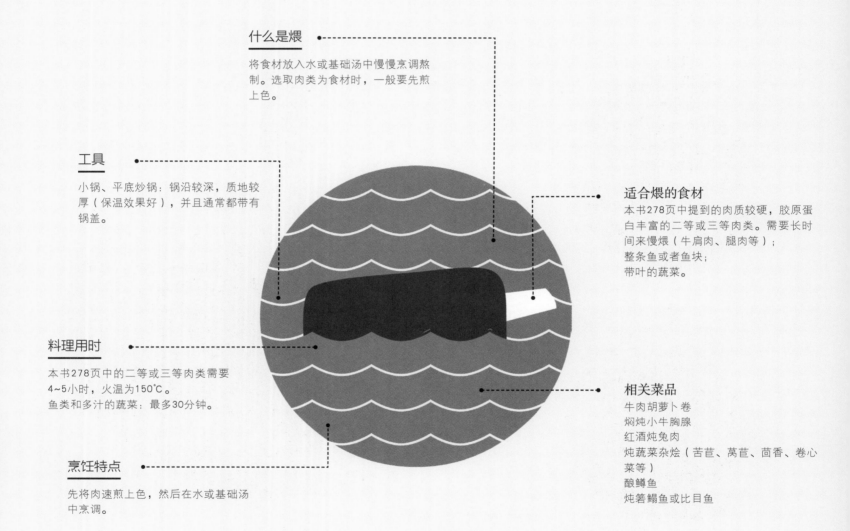

适合煨的食材

本书278页中提到的肉质较硬，胶原蛋白丰富的二等或三等肉类。需要长时间来慢煨（牛肩肉、腿肉等）；
整条鱼或者鱼块；
带叶的蔬菜。

相关菜品

牛肉胡萝卜卷
焖炖小牛胸腺
红酒炖兔肉
炖蔬菜杂烩（苦苣、莴苣、茴香、卷心菜等）
酿鳟鱼
炖箬鳎鱼或比目鱼

注意事项

使食物外焦里嫩的有关信息，请参考美拉德反应（282页）。
肉类：预先的处理使肉的表皮味道香浓，当将肉放入汤汁中后，肉香与汤汁完美融合，肉汁使汤汁的香味更加醇厚浓郁。
鱼类：在汤汁中加入了美味的调味汁后，又带有鱼独特的香味。
蔬菜类：红酒、高汤的味道使得蔬菜更加美味可口。

肉的大小是否会影响菜品的味道

比起用整块肉烹制，将肉切成块状或片状更能使汤汁浸入肉中，从而使肉质口感更加香浓。

加水量

加的水越多，汤汁越稀；反之，加的水越少，汤汁越浓郁。通常，煨菜的汤汁一般不会太过浓郁，所以可以多加一点水。

具体步骤

8人份炖牛肉

1.5千克牛肩肉
3个洋葱（500克）
500毫升红酒
1升牛肉高汤
40克黄油
40毫升橄榄油
3瓣大蒜
1茶匙盐
10粒胡椒
1束百里香
1片月桂叶
½茶匙盐之花
胡椒粉（研磨器转8下）

1. 将锅预热至150℃，并在底部放一个网格盘。将洋葱切丁。大蒜去皮除芽并捣碎。找一个小锅将红酒和牛肉高汤倒入，放入百里香、月桂叶和胡椒粒然后轻轻晃动锅。

2. 用厨房纸将牛肉的水分吸尽，然后撒上盐。在另一个锅内倒入橄榄油大火加热，使牛肉的各个面都着色。然后捞出牛肉，并将多余的油沥尽。

3. 开中火将黄油在锅内融化，然后放入洋葱和大蒜直到它们变软。

4. 将装有红酒和高汤小锅内的调料滤出，然后摇晃锅子使其起沫。

5. 将牛肉再次放入锅中，并倒入红酒和高汤，然后盖上锅盖，开火炖5~6小时，直到将牛肉炖烂，在炖的过程中记得将锅里的肉翻面。

6. 将肉捞出并盛在大小合适的盘子当中，用纱布将锅内的汤汁过滤淋到肉上。然后将其冷却最少3个小时，甚至一夜。

7. 将肉从汤汁中捞出。再将汤汁倒入锅中，摇晃，剩下½，再用纱布过滤倒出，然后再将肉和汤倒入锅中，并中火加热5分钟左右。

8. 将肉捞出装盘，撒上盐之花和胡椒粉。将汤汁倒入调料盅中。

杂烩

要点解析

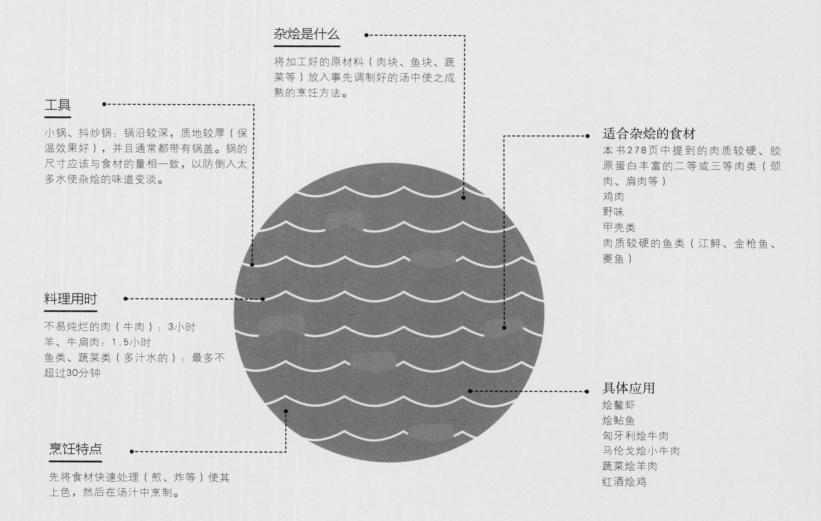

杂烩是什么

将加工好的原材料（肉块、鱼块、蔬菜等）放入事先调制好的汤中使之成熟的烹饪方法。

工具

小锅、抖炒锅：锅沿较深，质地较厚（保温效果好），并且通常都带有锅盖。锅的尺寸应该与食材的量相一致，以防倒入太多水使杂烩的味道变淡。

适合杂烩的食材

本书278页中提到的肉质较硬、胶原蛋白丰富的二等或三等肉类（颈肉、肩肉等）
鸡肉
野味
甲壳类
肉质较硬的鱼类（江鲟、金枪鱼、菱鱼）

料理用时

不易炖烂的肉（牛肉）：3小时
羊、牛肩肉：1.5小时
鱼类、蔬菜类（多汁水的）：最多不超过30分钟

具体应用

烩鳌虾
烩鲇鱼
匈牙利烩牛肉
马伦戈烩小牛肉
蔬菜烩羊肉
红酒烩鸡

烹饪特点

先将食材快速处理（煎、炸等）使其上色，然后在汤汁中烹制。

注意事项

在用油处理食材时，它的着色度根据肉质来决定（美拉德反应，282页）。将肉放入汤汁中后，肉香与汤汁完美融合，肉汁让汤汁的香味更加醇厚浓郁。

肉的大小是否会影响菜品的味道

比起用整块肉烹制，将肉切成块状或片状更能使汤汁浸入肉中，从而使肉质口感更加香浓。

为什么要将肉裹上面粉

与面粉糊（18~19页）道理相同，面粉可以使汤汁更加浓稠。

加水量

加的水越多，汤汁越稀；反之，加的水越少，汤汁越浓郁。烩菜的汤汁一般较为浓稠，所以加适量的水即可。

具体步骤

4人份烩小牛肉

1千克牛肩肉（切成15~20小块）

1个洋葱（200克）

60克黄油

30克面粉

½茶匙盐

500毫升牛肉高汤

500毫升干白葡萄酒

1瓣大蒜

10克香芹

1个柠檬（未处理过的）

1. 将干白葡萄酒与牛肉高汤混合，洋葱去皮。将面粉和½茶匙盐在容器内混合搅匀，然后加入切好的牛肉块继续搅拌。

2. 在小锅中大火融化黄油，然后开中火将牛肉的各个面上色。

3. 将肉捞出，并沥尽油，锅中放入洋葱和剩下的盐，搅拌，使洋葱变软。

4. 再放入肉，并倒入混合好的白葡萄酒和牛肉高汤，烧至沸腾，然后撇去浮沫，盖上锅盖，文火烩2个小时。

5. 将香芹洗净，水沥干，然后和大蒜一起切碎，柠檬去皮，切成小片。

6. 将肉从汤汁中捞出，用纱布过滤汤汁将调料渣滤出。

7. 再将汤汁倒入锅中，并放入肉，然后文火烩几分钟。加入准备好的大蒜、香芹和柠檬。

低温烹饪

要点解析

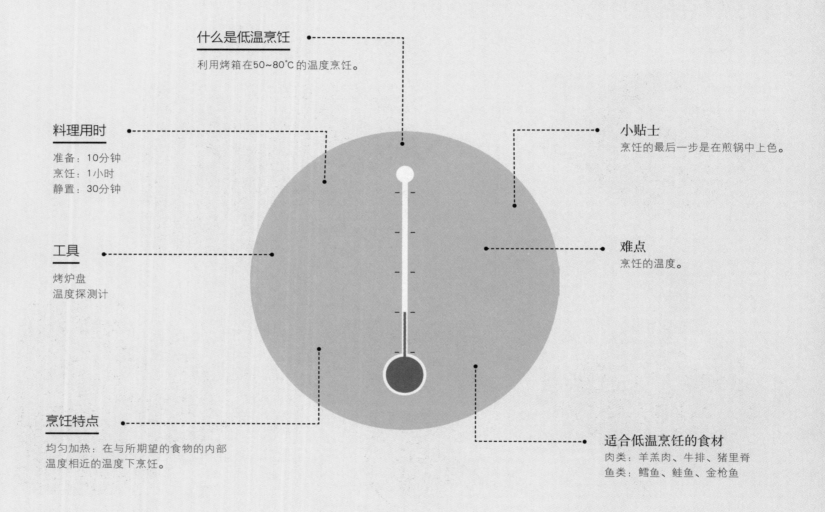

什么是低温烹饪
利用烤箱在50~80°C的温度烹饪。

料理用时

准备：10分钟
烹饪：1小时
静置：30分钟

工具

烤炉盘
温度探测计

烹饪特点

均匀加热：在与所期望的食物的内部
温度相近的温度下烹饪。

小贴士
烹饪的最后一步是在煎锅中上色。

难点
烹饪的温度。

适合低温烹饪的食材
肉类：羊羔肉、牛排、猪里脊
鱼类：鳕鱼、鲑鱼、金枪鱼

注意事项
肉的内外温度均匀一致，不会由于火过大而使肉质干硬难嚼。

控制方式
烹饪时使用温度计/探针温度计（284页）。

窍门
将温度计/探针温度计放在肉中，避免接触到
骨头。

具体步骤

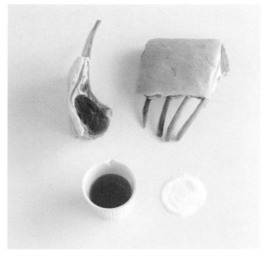  

 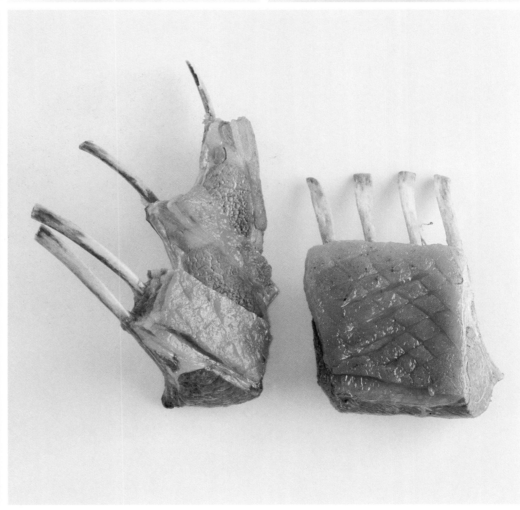

4人份烤羊羔肉

2块新鲜羊排（400克）

4汤匙橄榄油

1茶匙盐

1. 从冰箱中取出羊排，切掉羊排肉皮的肥肉，常温放置30分钟。将烤盘、检测器和4个盘子一起放入烤箱。在70℃下加热（不要旋转加热）。

2. 撒盐并将1大匙橄榄油涂刷在羊排上，放入盘中，放入烤箱烘烤1小时，直到内部温度达到55℃。

3. 用大火加热锅里剩余的油，让肉均匀上色，尤其是肥肉部分，煎至部分融化。最后用刀将羊排切片。

沸水煮

要点解析

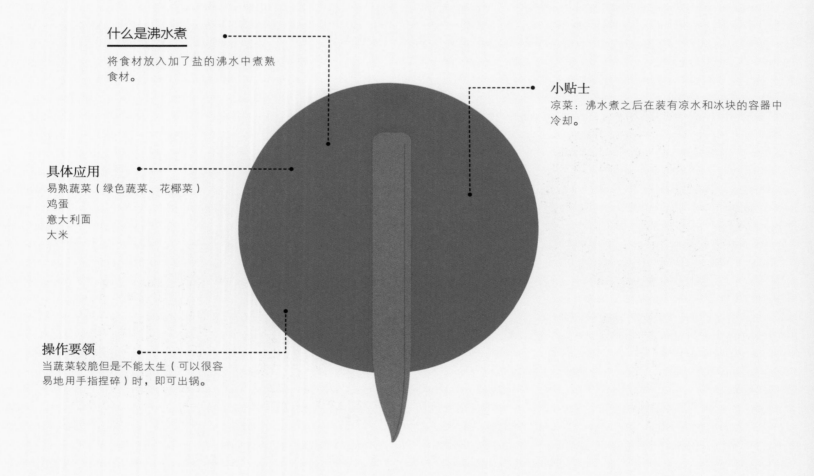

什么是沸水煮
将食材放入加了盐的沸水中煮熟
食材。

小贴士
凉菜：沸水煮之后在装有凉水和冰块的容器中
冷却。

具体应用
易熟蔬菜（绿色蔬菜、花椰菜）
鸡蛋
意大利面
大米

操作要领
当蔬菜较脆但是不能太生（可以很容
易地用手指捏碎）时，即可出锅。

放入热水对食材有什么影响

可以快速使蔬菜变软，使食物快速变嫩。蔬
菜不需要太软，不含淀粉，所以需要快速清
煮。煮肉时水温必须高于65℃，以破坏胶原
（使其变嫩）。因为肉类在适当的温度下很容
易变嫩。

4人份清煮四季豆

600克四季豆
40克黄油
粗盐：20克/升水
细盐

1. 去掉四季豆较硬的两端后冲洗干净，沥
   干水。
2. 锅中放入大量的水，加入粗盐煮沸。一次
   放入全部四季豆煮5~10分钟。如有必要
   就滤去浮渣。最后将四季豆沥干水，加细
   盐调味。

冷水煮

要点解析

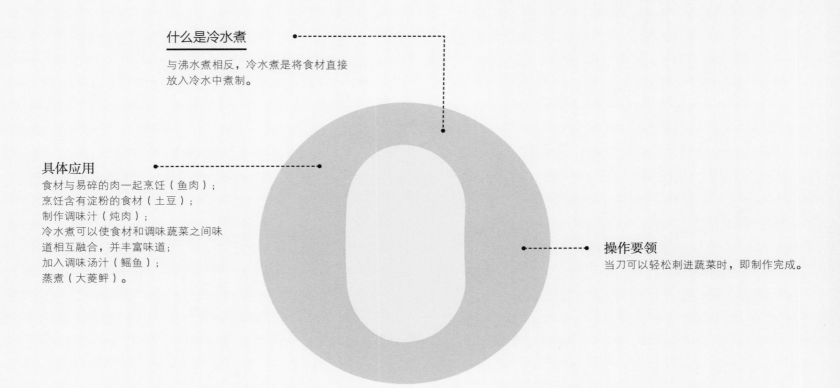

什么是冷水煮
与沸水煮相反，冷水煮是将食材直接放入冷水中煮制。

具体应用
食材与易碎的肉一起烹饪（鱼肉）；
烹饪含有淀粉的食材（土豆）；
制作调味汁（炖肉）；
冷水煮可以使食材和调味蔬菜之间味
道相互融合，并丰富味道；
加入调味汤汁（鳐鱼）；
蒸煮（大菱鲆）。

操作要领
当刀可以轻松刺进蔬菜时，即制作完成。

放入冷水对食材有什么影响

含淀粉的食材：当温度上升时，在蔬菜壁损坏
之前，可以起到淀粉的胶凝作用。如果土豆浸
泡在沸腾的水中，其所含淀粉会形成保护膜，
阻碍均匀地烹调。
鱼类：慢慢升高火温，才能减少蛋白质凝固，
鱼肉才不会一下锅就变硬。应遵守低温烹饪的
原则，才可保证肉质鲜嫩。

4人份清煮土豆

1千克土豆（果酱土司、土豆）
粗盐：20克/升水

1. 将土豆剥皮洗净，放入大平底锅。倒入水
   （水位高于土豆高度5厘米）。
2. 煮沸后加入粗盐，再煮20分钟。撇去浮
   沫。关掉火并往平底锅里加入一点冷水，
   使温度在食用前维持在90℃。

油炸（过两次油）

要点解析

什么是过两次油

将食物再一次完全浸入热油中，可以确保食物松脆。

使用炸锅

步骤相同：
第一次油炸：130℃。
第二次油炸：175℃。

工具

小锅
温度计
油炸篓

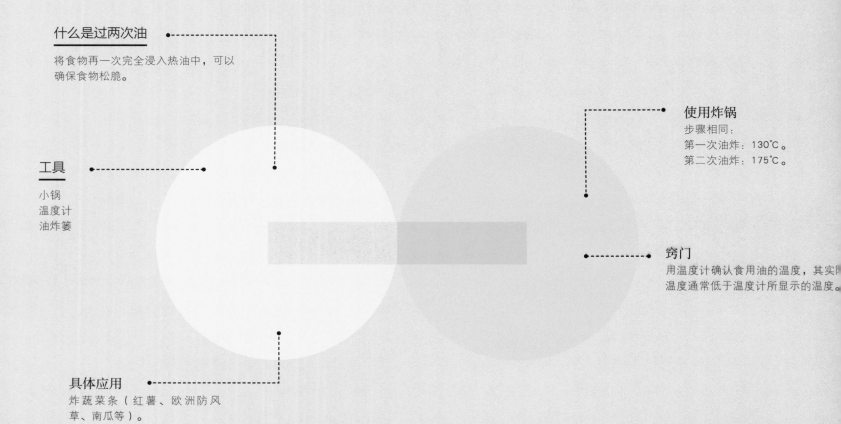

窍门

用温度计确认食用油的温度，其实际温度通常低于温度计所显示的温度。

具体应用

炸蔬菜条（红薯、欧洲防风草、南瓜等）。

为什么要过两次油

第一次以130℃油炸：使土豆炸熟，其所含有的淀粉在高温下受热膨胀；
第二次以175℃油炸：使土豆上色，土豆条的表面在高温过油下脱水，其口感变得酥脆。

为什么两次过油的温度不同

第一次过油温度较为温和，使土豆在不被炸焦的情况下炸熟；第二次过油的温度较高，使其变得松脆可口。

为什么不需要淘洗土豆

不同于普通的烹饪方法，土豆中所含有的淀粉会使过两次油后的土豆更加香脆。

具体步骤

4人份炸粗薯条

1千克土豆（已削皮）

1.5升花生油

1茶匙盐

1. 将土豆切条（59页），不要淘洗土豆。
2. 第一次过油：油锅加热至180℃。将土豆浸入锅中等待油锅温度下降至120~130℃并将土豆炸至金黄色。5~6分钟后取出薯条：用手指按压薯条时应很容易地被捏碎（用吸水性木质篓筐避免被烫伤）。用漏勺或油炸篓筐将油沥干，放在一边冷却至常温。
3. 第二次过油：油锅加热至190℃。放入薯条，待油锅温度下降并维持在175℃。2~3分钟后取出薯条，薯条变得金黄酥脆。
4. 将油沥干，撒上盐，搅拌，放入吸水性木质篓筐。

炸薯条

第一次过油3分钟（130℃），直到用手指很容易捏碎即可。第二次过油1分钟（175℃）。

炸细薯条

第一次过油4分钟（130℃），直到用手指很容易捏碎即可。第二次过油2分钟（175℃）。

油炸（过一次油）

要点解析

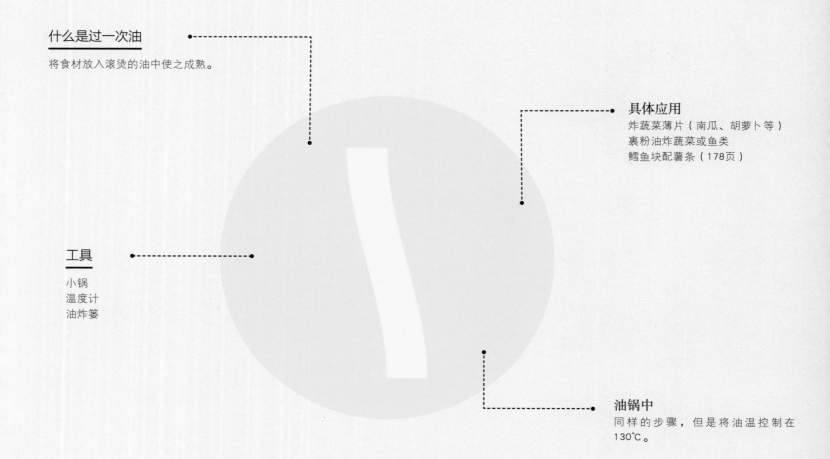

什么是过一次油

将食材放入滚烫的油中使之成熟。

具体应用

炸蔬菜薄片（南瓜、胡萝卜等）
裹粉油炸蔬菜或鱼类
鳕鱼块配薯条（178页）

工具

小锅
温度计
油炸篓

油锅中

同样的步骤，但是将油温控制在
130℃。

为什么只炸一次

如果炸熟不需要太长时间（小块食材、软嫩
蔬菜），过一次油就足够了。可以同时炸熟
和上色。

为什么要用水清洗土豆

切蔬菜的同时去除蔬菜细胞中所含有的淀粉。
如不擦洗，也可以将蔬菜放入吸水性木质篓
筐。可以避免淀粉过油和食物过快损坏。

具体步骤

4人份炸薯片

500克土豆（宾什土豆）
1.5升花生油
1茶匙盐

1. 将土豆切成1毫米厚的圆片状，放入凉水中浸泡10分钟。将水沥净，用干净的布小心擦净。
2. 每次放入10片到160℃的油锅中，待油锅温度下降至120~130℃，（过油3~4分钟）当薯片变成金黄色并看起来干脆时，用木铲搅拌，沥干油取出薯片。
3. 撒盐，搅拌。放入吸水性木质篓筐，完全晾干后即可食用。

炸薯格

如59页所示将土豆处理，然后油炸5分钟。

炸土豆丝

如59页所示将土豆处理，然后油炸2~3分钟。

菜谱

汤
法式洋葱汤

要点解析

法棍面包屑　　　　　　红皮洋葱

黄油　　　　　　波尔图甜葡萄酒

水+香脂醋

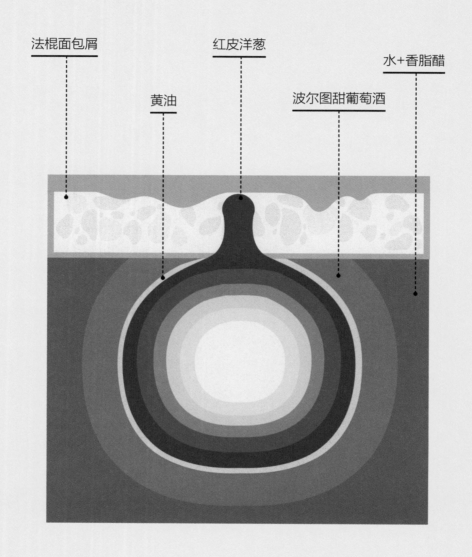

法式洋葱汤是什么

洋葱泥拌上黄油，然后混合甜葡萄酒一起煮，
完成后再摆上面包和格鲁耶尔奶酪丝。

料理用时

准备：25分钟
烹饪：50~55分钟

工具

耐热汤碗

创新菜品

诺曼底洋葱汤：需增稠（282页），然后在牛
奶和奶油里掺水。搭配没有面包屑的乳酪干
面包。

难点

洋葱泥
焗烤

掌握技巧

收汁。（283页）
切片。（280页）

窍门

如果炒至焦黄上色的洋葱粘在锅底，可加入
1~2汤匙冷水。

起锅时间

汤的颜色变深时便可起锅。

储存

可冷藏保存3天（不加面包和奶酪的情况下）。
要一边加热一边轻微地晃动，直到准备好乳
酪干面包。

具体步骤

4人份法式洋葱汤

3个精选的红皮洋葱（500克）
60克黄油
60毫升波尔图甜葡萄酒
1.2升水

作料

1汤匙香脂醋
½茶匙盐
胡椒粉

焗烤乳酪干面包

半个法棍面包
80克格鲁耶尔奶酪丝

1. 洋葱去皮，切成约5毫米厚的薄片。在锅中放入20克黄油，中火加热至融化后放入洋葱片和盐，翻炒25~30分钟直到颜色变深。

2. 倒入水和甜葡萄酒，待其煮沸后，分离汤汁。用文火慢炖20分钟直到冒泡。

3. 将半个法棍面包切成1.5厘米厚的8片，用大平底锅融化黄油直至其冒泡，放入面包片，两面都煎至金黄，捞出后用吸水纸吸去多余的黄油。

4. 将烤箱的烤架预热。在汤汁中加入香脂醋，品尝后放入适当的作料。把汤倒入糕点盘上的碗中，并在每个碗里放上一两片面包，撒上奶酪丝。最后将其放在烤架上直到5分钟后奶酪丝呈均匀的金黄色。

比斯开浓虾汤

要点解析

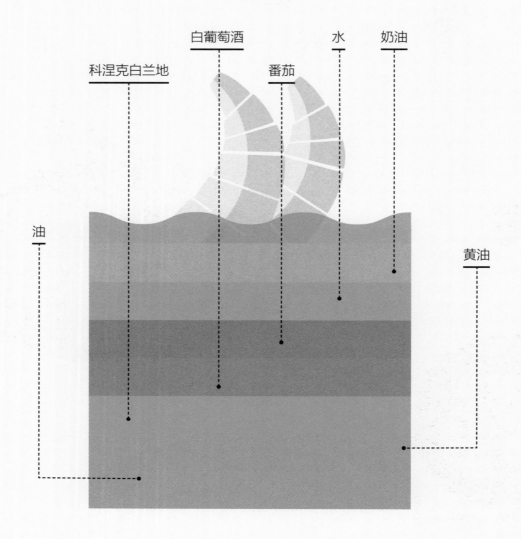

科涅克白兰地　白葡萄酒　番茄　水　奶油

油　黄油

比斯开浓虾汤是什么

生虾用香料搅拌调味后，用料理机打碎后过滤掉香料；再加入奶油。

料理用时

准备：45分钟
烹饪：45分钟

器材

漏斗
料理机

难点

煮汁。

掌握技巧

熬制。（283页）
压榨。（281页）
切片。（280页）
清洗。（282页）
撇去浮沫。（283页）
融化锅底焦糖浆。（283页）
脱水。（282页）

窍门

虾分批下锅，才能均匀煎至金黄。

起锅时间

汤熬至浓稠时便可出锅。

储存

密封后冷藏可保存48小时。搅拌加热直至沸腾。

虾壳的用处是什么

虾壳含有甲壳质，在高温下有提香作用。

具体步骤

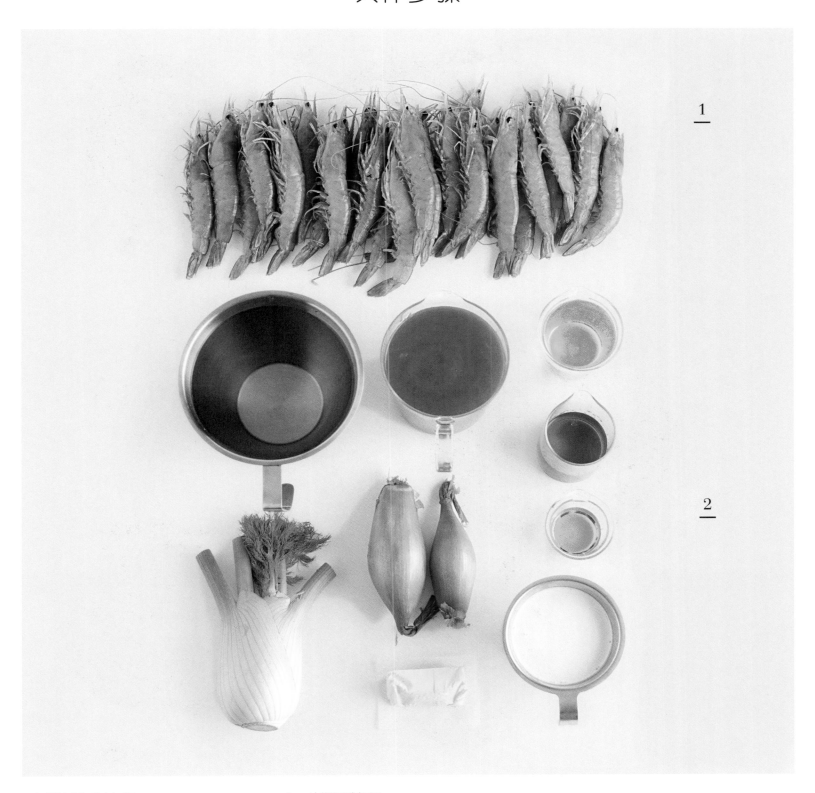

1

2

4人份比斯开浓虾汤

1.　鲜虾

生虾800克，解冻
（30~50只，以大小来定）

2.　比斯开浓虾汤

2个精选红葱头（160克）
1个茴香球（约500克）
80毫升科涅克白兰地
200毫升白葡萄酒
600克番茄果肉（碗中备用）
1升水
20毫升橄榄油
200毫升超高温液体奶油
30克黄油

制作比斯开浓虾汤

1. 将虾清洗干净，并用厨房纸巾把水吸干。红葱头剥好并切片备用，茴香球也清洗并切片。

2. 橄榄油倒入锅中，大火煎香虾子。放入切好的黄油丁，用中火加热2~3分钟，使其呈焦糖状。取出8只虾，将其去壳，并把虾壳放入锅里，虾肉放在密封的碗里备用。

3. 把红葱头和茴香球倒入锅里煸几分钟。用科涅克白兰地和白葡萄酒将虾去冰，沥干。

4. 将番茄果肉倒入锅内加热1分钟，加水，待其煮沸后再轻轻搅动，小火继续煮30分钟。

5. 搅拌汤汁，直到汤汁变得浓稠。用料理机搅打并用漏勺过滤后得到1~1.2升的浓汤。

6. 把过滤好的汤汁倒入锅中，收干一半汤汁（10~15分钟）。加入200毫升的液体奶油，用大火加热，并搅拌。熬制3~5分钟。自汤面到锅底，搅拌几秒钟。

7. 把预留的虾肉切为厚厚的两部分，摆在浓汤上即完成。

清炖鸡肉汤

要点解析

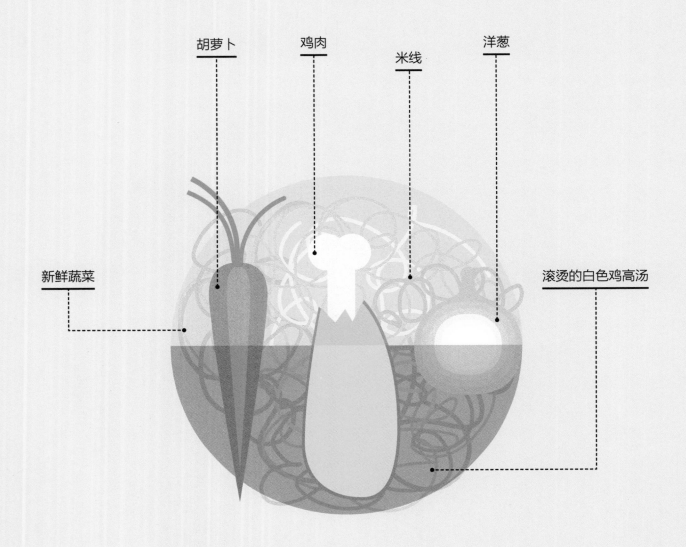

胡萝卜　鸡肉　米线　洋葱

新鲜蔬菜　　　　　　　　　　　　　　　滚烫的白色鸡高汤

清炖鸡肉汤是什么

热腾腾的白色鸡高汤倒在鸡肉、胡萝卜和米线
这些生的食材上。

料理用时

准备：15分钟
烹饪：5分钟

工具

肉锤或平底锅

创新菜品

蔬菜肉汤的原汁清汤。

难点

白色鸡高汤的温度要刚好能让米线和鸡肉变
熟，让胡萝卜变软。

掌握技巧

敲打肉排。（278页）
切蔬菜或瓜果小丁。（36页）
切片。（280页）
切碎。（280页）

窍门

让煮沸的锅底沉淀几秒钟以达到最高温度。

出锅时间

米线变软，鸡肉变熟后即可出锅。

储存

冷藏可保存2天，再次食用时需重新加热。

具体步骤

4人份清炖鸡肉汤

1. 汤

1升白色鸡高汤（10页）
150克白鸡肉（1片）
1根胡萝卜（130克）
70克米线（透明）
10克香芹
2根新葱

2. 作料

3汤匙鱼露（30克）
胡椒粉（研磨器转2下）
½茶匙盐

1. 米线对折，胡萝卜清理洗净后切成丁，切下新葱的葱绿以及葱白下的葱须，剥掉其第一层薄皮，切细葱花。

2. 用平底锅底部或肉锤压平白鸡肉厚的部分，然后切成4~5厘米长的肉片（1汤匙大小）。

3. 把配料分在4个碗里，香芹洗净擦干，择下叶片后切细丝。

4. 在白色鸡高汤中加入鱼露、盐和胡椒粉，煮沸。分在每个碗里以便覆盖所有的配料。5分钟后撒上香芹末。

奶油酥皮汤

要点解析

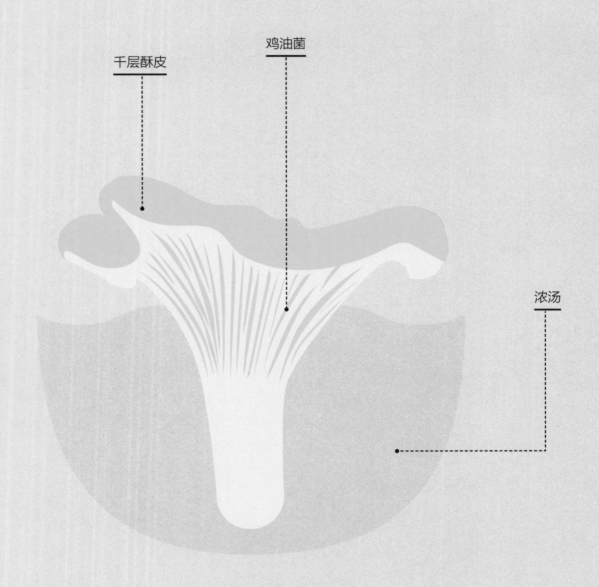

千层酥皮

鸡油菌

浓汤

奶油酥皮汤是什么

巴黎蘑菇浓汤和鸡油菌，加入奶油熬成浓汤，再盖上一片用烤箱烤得金黄的千层酥皮。

料理用时

准备：35分钟
烹饪：40分钟

工具

烤箱专用碗
刷子

掌握技巧

切片（肉、蔬菜）。（280页）
切碎。（280页）
切末。（280页）
脱水。（282页）

创新菜品

传统浓汤：贝夏梅尔调味酱为基底，加入奶油和蛋黄增稠。

窍门

为了方便操作，千层酥皮的温度要很好地冷却。

为什么千层酥皮在烤箱内加热时会膨胀

千层酥皮内含有水分，加热时变为气态。这种状态的变化引起了面包的膨胀。

具体步骤

4人份奶油酥皮汤

1. 蘑菇浓汤

300克巴黎蘑菇
200克鸡油菌
1个红葱头
1瓣蒜
40克黄油
600毫升白色鸡高汤（10页）
150毫升液体奶油

2. 作料

1茶匙盐
胡椒粉（研磨器转6下）

3. 千层酥皮

250克冷冻千层酥皮（46页）
少许面粉

4. 收尾

1个蛋黄
1茶匙水

制作奶油酥皮汤

1. 切下巴黎蘑菇的菌柄，清理洗净菌盖，根据其大小切成4片或8片薄片。用潮湿的刷子清洗鸡油菌，然后剪齐切成薄片。把红葱头清理并洗净后切碎。同样将蒜瓣清理洗净，去芽，压碎然后切成末。

2. 在大平底锅里放入黄油，加热至其融化后煸炒红葱头碎。放入鸡油菌，不停地翻炒3~4分钟至鸡油菌出水。加入蒜末，翻炒30秒钟至其变黄。然后放入作料。

3. 将白色鸡高汤煮沸，倒入蘑菇，煮20分钟。将烤箱预热至180℃。

4. 取出一半的蘑菇备用。在平底锅内倒入液体奶油，搅拌使其更丝滑。

5. 将面团用擀面杖摊平，切下直径比碗大3厘米的千层面皮，冷藏备用。

6. 把蘑菇平均放入碗里，然后倒入八分满的浓汤。

7. 用水将碗壁四周和外壁沾湿。每个碗上放一片千层酥皮，把多出的边缘往下折贴合在外碗壁上，蛋黄加少许水打散，刷在面皮上。

8. 放入烤箱烤20分钟直至其呈金黄色，用刀尖切开千层酥皮即完成。

102

冷盘
圣雅克扇贝

要点解析

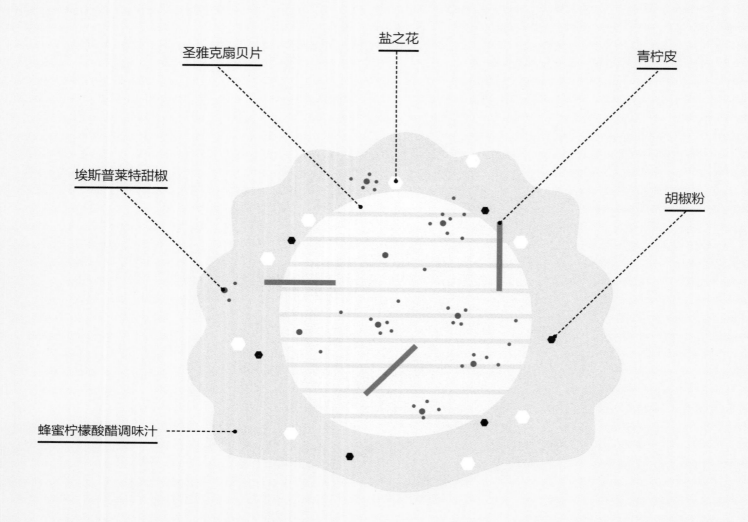

圣雅克扇贝片

盐之花

青柠皮

埃斯普莱特甜椒

胡椒粉

蜂蜜柠檬酸醋调味汁

什么是圣雅克扇贝片

生扇贝肉片成薄片，加入青柠酸醋调味汁调味。

料理用时

准备：25分钟
静置：30分钟

工具

刀
去皮器

难点

扇贝肉的处理。

操作要领

切末。（280页）
去皮。（280页）

窍门

采用速冻扇贝肉：在其完全解冻前切片。

注意

提前30分钟准备扇贝肉；用保鲜膜包好，放入
冰箱冷藏；在最后一步放调味汁。

为什么扇贝要冷藏

冷藏使扇贝肉更紧实并便于切割。

酸醋调味汁有什么作用

与塔塔牛肉和海鱼不同，这里的调味汁是浇
在食物上；它不会改变扇贝肉的结构，只是
单纯地起到调味的作用。

具体步骤

4人份圣雅克扇贝

扇贝

12份去卵扇贝肉

酸醋调味汁

1个青柠
20克蜂蜜（约1汤匙）
½茶匙盐
胡椒粉（研磨器转8下）
50毫升橄榄油（约6汤匙）

装盘

1个红葱头
1个埃斯普莱特甜椒
½茶匙盐之花

1. 扇贝肉洗净，并用厨房纸擦干。将准备好的扇贝肉放在盘子中用保鲜膜覆盖后冷冻30分钟。
2. 清洗干净青柠后挤压出汁，用柠檬汁溶解盐之花，加入蜂蜜、胡椒粉和橄榄油搅拌均匀。红葱头去皮、切末。
3. 将扇贝肉片成厚约2毫米的薄片。
4. 片好的扇贝肉装盘后，将调好的酸醋汁淋在扇贝肉上，然后撒上甜椒、红葱头、盐之花和青柠皮即完成。

三文鱼塔塔

要点解析

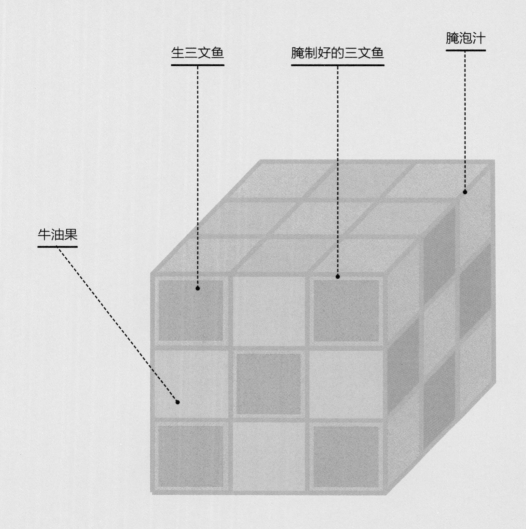

牛油果

生三文鱼

腌制好的三文鱼

腌泡汁

什么是三文鱼塔塔

柠檬汁、橄榄油、红葱头和小茴香混合成汁腌制生三文鱼丁，并配以牛油果丁装饰。

料理用时

准备：25分钟
静置：5分钟

工具

刀、细网漏勺

鱼肉变化

快速塔塔（无静置时间），
腌料（腌制24小时的腌泡汁）。

装盘

三文鱼丁与牛油果丁穿插交替以圆形装盘。

难点

三文鱼的处理。

操作要领

切碎和切末。（280页）
去皮。（280页）

窍门

刀抹油后切三文鱼更便利。

储存

装盘前1小时分开准备三文鱼和腌泡汁；装盘
前15分钟将两者结合。

腌泡汁是什么

腌泡汁是用来给未蒸煮的食材或不需要蒸煮
的食材入味的调料。

可以说是柠檬酸"烧"的鱼吗

不能。因为柠檬酸只改变了蛋白质，但我们
没有用到火，所以不能这样说。

具体步骤

4人份三文鱼塔塔

塔塔

400克去皮三文鱼柳
1个牛油果

腌泡汁

5克小茴香
2个青柠
1个红葱头
35毫升橄榄油

作料

½茶匙盐
胡椒粉（研磨器转6下）

1. 将三文鱼柳切成小丁后冷藏备用，小茴香切碎，取一个柠檬洗净去皮，将另一个柠檬挤压出汁，红葱头去皮，切块。
2. 取一只碗，放入盐并倒入柠檬汁使之溶解，加入胡椒粉、小茴香和一半红葱头。倒入油后搅拌均匀。最后放入三文鱼搅拌，并冷藏5分钟。
3. 将牛油果切成小丁，与柠檬皮和剩下的红葱头搅拌。
4. 将三文鱼丁中的水分沥干。
5. 将牛油果丁放入腌泡汁中入味。
6. 轻轻将三文鱼丁和牛油果丁搅拌均匀后，用少许腌泡汁点缀即完成。

腌渍三文鱼

要点解析

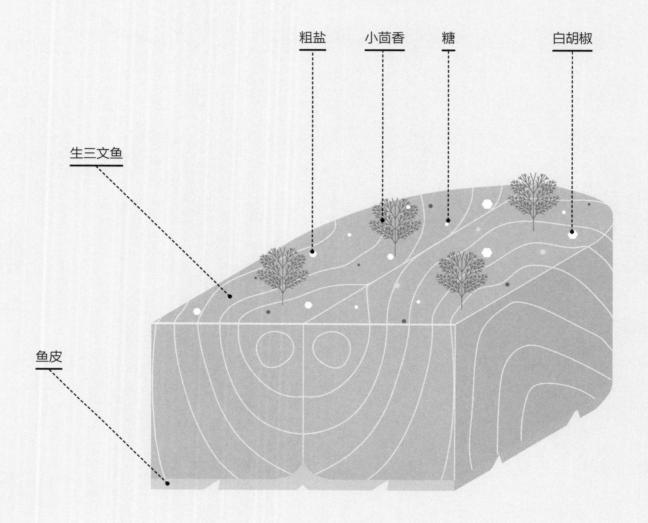

粗盐　　小茴香　　糖　　　白胡椒

生三文鱼

鱼皮

什么是腌渍三文鱼

由盐和糖腌制过的三文鱼配以胡椒、小茴香调味。

料理用时

准备：20分钟（前一天）+30分钟
腌制：24小时

工具

鱼刺钳（或拔毛钳）
刀

难点

取下鱼皮；在不破坏鱼肉的前提下去刺。

操作要领

研磨胡椒粒。（280页）
切碎。（280页）

窍门

去刺前将鱼刺钳用水沾湿。

准备就绪

当三文鱼部分脱水并且肉质紧实，即准备工作完成。

储存

用烘焙纸包裹住腌好的三文鱼后再包一层保鲜膜，冷藏保存一周。

注意

为了使鱼肉厚度均匀，尽量选择三文鱼中间部分的鱼肉。

腌泡汁起什么作用

糖和盐可以吸收出鱼肉表面的水分，使得鱼肉更有弹性；小茴香、胡椒和香菜可以遮住鱼肉的油腻并使其更入味。

具体步骤

4人份腌渍三文鱼

腌料

1条400克新鲜去骨三文鱼排
20克小茴香
20克粗盐
20克糖
½茶匙捣碎的胡椒粒（最好使用白胡椒）
（280页）
1茶匙磨碎的香菜籽

酱汁

10克小茴香
30克第戎芥末酱
20克枫糖浆
80毫升葵花子油
半个柠檬
½茶匙的盐
胡椒粉（研磨器转6下）

1. 制作腌料时，先将小茴香洗净、擦干、切碎，然后与粗盐、糖、碎胡椒、香菜籽搅拌均匀。三文鱼洗净用厨房纸擦干后在鱼皮上划几道口。

2. 取⅓腌料均匀铺在盘子中，鱼皮面朝下摆入盘中，再将剩下的腌料撒在鱼排上，同时按压使得鱼排沾满腌料。最后包上保鲜膜冷藏24小时后取出。注意12小时过后，将腌出的水倒掉。

3. 用厨房纸擦拭鱼排，吸干水分并擦掉表面腌料后，用刀片下鱼皮，鱼肉切片，切成1~1.5厘米宽。

4. 制作酱汁时将小茴香洗净切碎后，柠檬按压出汁与盐和胡椒粉混合，再加入芥末酱和枫糖浆，搅拌均匀后慢慢加入葵花子油（注意，为了得到光滑的酱汁，要不停搅拌），最后加入切碎的小茴香搅拌。

5. 每盘摆3片三文鱼，并在旁边淋上酱汁。

溏心蛋肉冻

要点解析

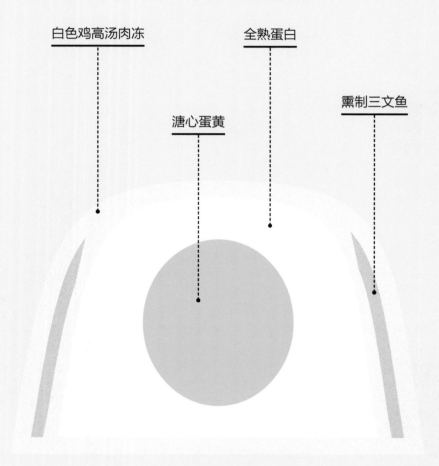

白色鸡高汤肉冻　　　全熟蛋白

溏心蛋黄

熏制三文鱼

什么是溏心蛋肉冻

鸡蛋包裹在肉冻中并以熏制三文鱼点缀。

定义

肉冻：利用模子做出的冻状食物。鸡蛋冻是肉冻和鱼冻中传统的冻状食物之一。

料理用时

准备：45分钟
静置：至少1小时

工具

蛋冻模具（或直径6厘米的水杯）

形态变化

荷包蛋。（68页）

创新菜品

火腿蛋冻
酸辣蛋冻（配菜：酸黄瓜、龙蒿、刺山柑花蕾）
波尔图酒和干邑白兰地酒肉冻

难点

高汤温度（温度过高会使三文鱼变色；温度过低则会太快凝结）；在模具内摆放三文鱼。

为什么要冷藏1小时

因为在10℃下，一旦明胶遇热融化就必须重新凝固成冻状；而遇冷时，明胶更易保持冻状。

4人份溏心蛋肉冻

鸡蛋

4个去壳溏心蛋（65页）

肉冻

500毫升白色鸡高汤（10页）
8块明胶（15克）
½茶匙盐

配菜

50克熏制三文鱼
4枝小茴香

1. 白色鸡高汤加热后加入适量盐（若白色鸡高汤已是成品，则可省去这一步）。将明胶放入凉水中浸泡5分钟后捞出，轻轻抖落多余水分后放入热的白色鸡高汤中，慢慢搅动使其完全溶化。静置降温。

2. 小茴香洗净后将叶子择下备用，三文鱼切成能包住鸡蛋的条状（宽约4厘米）。

3. 每个模具里放3或4片小茴香叶，注入2~3毫米高的温热鸡高汤，冷藏凝结。

4. 将三文鱼条浸入白色鸡高汤后取出贴在模具内壁上铺平，避免三文鱼卷曲或粘在一起。

5. 为了使鸡蛋稳定地置于模具中，将鸡蛋底端切下一片薄薄的蛋白；鸡蛋放于模具中间后倒入白色鸡高汤，完成后至少冷藏1小时。

6. 脱模时，用刀锋利的一面沿模具轻轻划动，然后将模具倒扣在盘子中就可以得到完整的肉冻了。

半熟鸭肝

要点解析

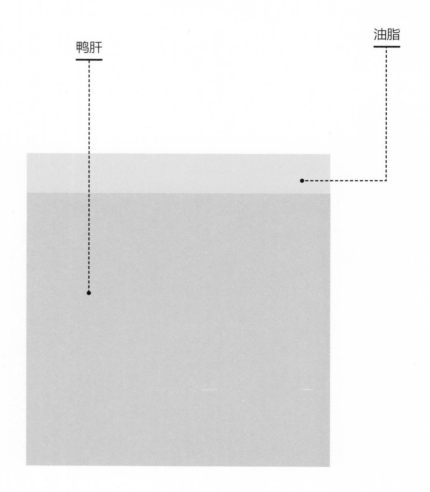

鸭肝

油脂

什么是半熟鸭肝

加入盐、胡椒粉和诺瓦利普拉酒调味的生鸭肝置于容器中隔水炖制而成。

料理用时

准备：20分钟
烹饪：45分钟
静置：3小时+48小时（至少）

工具

碗（19厘米×8厘米）
硬板（18厘米×7厘米）
重约500克压在锡纸上的物体

作料

白波特酒、干邑白兰地、苹果白兰地、雅文邑白兰地、埃斯普莱特甜椒、辣椒粉、肉豆蔻。

难点

烤制鸭肝。

操作要领

剔除血管。（278页）

料理完成

刀尖插入鸭肝5~10秒钟后取出触感温和即可（温度计测量约45℃）。

储存

装入封闭容器置于冰箱中可保存一周。

注意

烤制时间和作料多少要根据鸭肝重量而变化；100克鸭肝要烤8~10分钟；1千克鸭肝需要10克盐、4克胡椒粉、30毫升诺瓦利普拉酒。

隔水炖的好处

隔水炖时温度始终不高于100℃，既保证了鸭肝的柔软，又避免了油脂大量溶解。

为什么是半熟

不同于罐头包装，这是在100℃下做出的鸭肝，"半熟鸭肝"是在45℃下制作而成的。

具体步骤

4人份半熟鸭肝

鸭肝

1块新鲜鸭肝，重约500克

作料

5克（1茶匙）细盐
2克胡椒粉（研磨器转15下）
15毫升诺瓦利普拉酒

装盘

盐之花
胡椒粒，压碎（280页）

1. 鸭肝提前1小时取出为了让其保持在12~14℃的温度下。烤箱先预热至120℃。混合盐和胡椒粉，大块鸭肝分成小块并用手或汤匙柄去干净鸭肝上的膜和血管；轻轻切开鸭肝，去除表面及内部的血管。

2. 将之前混合的盐和胡椒粉涂抹在鸭肝的两面并洒上诺瓦利普拉酒。

3. 鸭肝平整面朝向内壁，将作料沿四周倒下后用手背压实鸭肝，挤出空气。

4. 容器放在盘子中并在盘中加入沸水到容器一半高度，用事先准备的板子压实鸭肝并盖上盖子，放入烤箱中，45分钟后取出，静置降温。

5. 当鸭肝中心温度降至30~35℃时，放上小板子使油脂浮起，倾斜容器倒出血水后再将板子盖在鸭肝上并压上重物。至少冷藏3小时，待其完全凝固后取出。

6. 取下重物和板子，用勺子将表面油脂刮下，如果鸭肝已经凝固，则隔水加热（切勿过度加热），最后放入冰箱冷藏至少48小时。

7. 将刀片放入热水中沾湿后擦干，并将鸭肝切成1厘米厚的薄片，最后撒上盐之花和研磨后的胡椒粉。

113

热盘
法式奶油酥盒

要点解析

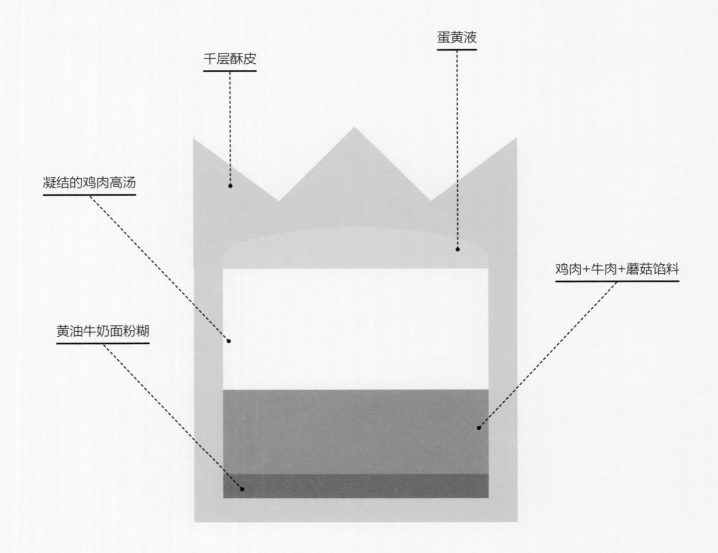

千层酥皮

蛋黄液

凝结的鸡肉高汤

鸡肉+牛肉+蘑菇馅料

黄油牛奶面粉糊

什么是法式奶油酥盒

酥脆外皮包着鸡肉、牛肉、蘑菇馅料，再浇上香浓的奶油汁而成。

具体定义

法式奶油酥盒：直径为15~20厘米的酥皮填入馅料的传统糕点。
皇后蜗牛酥：小酥皮壳填入奶油鸡肉泥或鸡肉蘑菇丁（如今两种名称已经通用）。
馅料：切成小丁的食材以酱汁增稠。

料理用时

准备：45分钟
烹饪：1小时
静置：20~30分钟

工具

擀面杖
直径为5厘米的圆形切模
直径为10厘米的圆形切模

难点

酥皮制作。

窍门

为了酥皮在烤制过程中保持低温，以防变形，在烤制前冷藏20~30分钟。

储存

馅料冷藏可保存48小时，酥盒则可常温保存48小时，酥盒和馅料要分开保存；食用时在150℃烤箱内烤制8~10分钟。

料理完成

酥皮金黄，酱汁浓稠，即制作完成。

具体步骤

4人份法式奶油酥盒

1. 面皮

600克千层面团（46页）

2. 肉馅

150克鸡胸肉
150克去膜小牛胸腺
350克巴黎蘑菇
40克黄油
40克面粉
500毫升白色鸡高汤（10页）
100毫升液体奶油

3. 蛋液

1个蛋黄

4. 作料

1茶匙盐
胡椒粉（研磨器转6下）

制作法式奶油酥盒

1. 烤箱预热至200℃。将面团擀成3毫米厚度，擀制时在面团、面板、擀面杖上均匀地撒上面粉以防面团粘连。
2. 切下4片直径为10厘米的圆形面皮放在铺有烘焙纸的烤盘上，再切下8片直径为10厘米的圆形面片后，用直径为5厘米的切模将其中心切下，得到环状的面皮。
3. 蛋黄加入1茶匙水后搅拌均匀涂抹在每个面皮上，将环状的面皮轻轻地放在圆形面皮上，刷上蛋液后再次取1片环状的面皮轻轻放上，并在表面刷上蛋液。然后将面皮放入冰箱中冷藏定型，20~30分钟后取出，放入烤箱中烤制20分钟，注意在最后10分钟时将温度调到160℃。

4. 将鸡高汤倒入平底锅中，并放入小牛胸腺和鸡胸肉，文火煮25分钟。
5. 蘑菇去秆留顶切成4瓣，放入高汤中煮5分钟，用勺子尝味后关火。
6. 在另一只平底锅中用黄油和面粉制作面糊，倒入高汤并搅拌均匀。加入奶油让其滚煮10分钟，其间不停地轻轻搅动，最后加入作料。
7. 将小牛胸腺和鸡胸脯肉切成丁状，连同蘑菇一同放入高汤中。

8. 用刀切去酥皮盒顶部并不破坏底部酥皮（切下的部分作为酥盒的第一层），将制作好的馅料装入酥皮盒中，并整体放入烤箱中烤制5分钟。
9. 将切下的酥皮盖放在酥盒上并装盘。

咸乳酪泡芙

要点解析

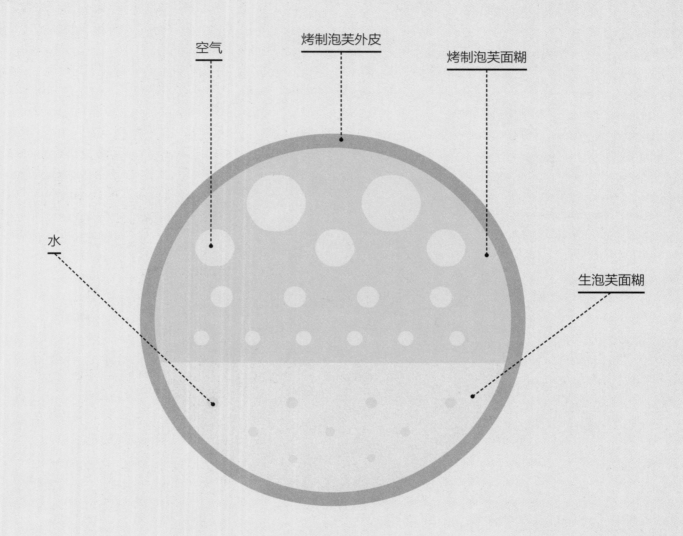

空气

烤制泡芙外皮

烤制泡芙面糊

水

生泡芙面糊

什么是咸乳酪泡芙

咸味泡芙面糊加入奶酪做成球状。

料理用时

准备：30分钟
烹饪：25~30分钟

工具

裱花袋+12毫米裱花嘴
烤盘

创新菜品

王冠面包

难点

烤制。

操作要领

泡芙去水。（119页）
制作泡芙面团。（119页）
挤花。（281页）

窍门

在泡芙没有变色前不要打开烤箱门，以防泡芙塌陷。

储存

做好的泡芙可以在150℃的烤箱中加热2分钟。

泡芙怎样发起来

以150℃烤制时，面团中的水会蒸发成水蒸气，面团是有黏性的，会吸收水蒸气从而膨胀。

为什么太早打开烤箱门会使泡芙塌陷

因为一旦烤箱温度下降，水蒸气会重新变成水，水占的体积小于水蒸气，因此泡芙会塌陷。

具体步骤

30个咸乳酪泡芙

奶酪泡芙面糊

60毫升水+60毫升牛奶
50克黄油
70克面粉
2个鸡蛋
100克孔泰奶酪碎或波弗特奶酪碎

作料

2克盐
少许匈牙利辣椒粉
少许卡宴辣椒粉
少许肉豆蔻粉
胡椒粉（研磨器转6下）

1. 烤箱预热至180℃。将香料与面粉混合，在平底锅中放入盐、切成丁状的黄油和水，中火加热直至沸腾，沸腾后煮2~3秒钟。

2. 锅从火上移走，将面粉倒入并轻轻搅动，当面团成型时用力搅动；中火加热面团收干水分，保持搅动状态（30秒钟至1分钟）。

3. 将收干水分的面团倒入搅拌盆中静置几秒钟待其降温，少量多次倒入打散的蛋液，剩下¼蛋液时停止加入。用搅拌器或硬抹刀搅拌，如果面糊挂在抹刀上，并能自然地以一个或多个圆点状掉落则成功，若不能则须继续加入蛋液搅拌。

4. 加入奶酪碎并搅拌均匀。

5. 烤盘铺上烘焙纸，用裱花袋在上面挤出直径为3厘米的30个泡芙，相互间隔至少3厘米。用手或刷子蘸取剩下的鸡蛋液或水使泡芙更平滑。

6. 放入烤箱中烤制25~30分钟，直至泡芙呈金黄色。取出置于烤架上冷却。

舒芙蕾乳酪蛋糕

要点解析

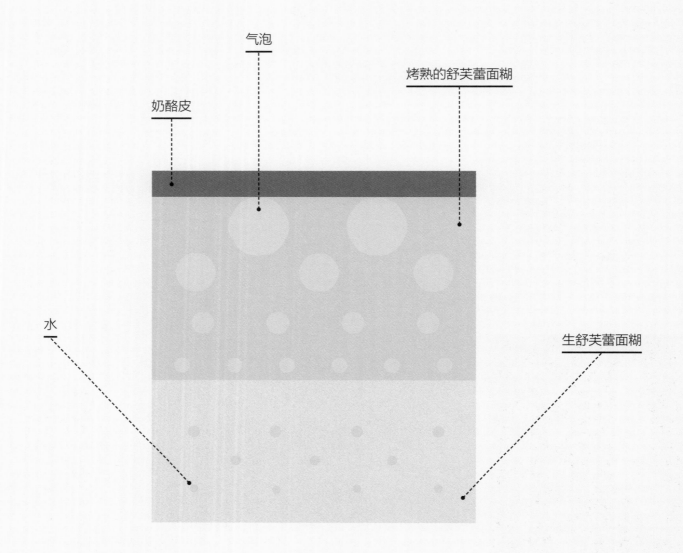

气泡

奶酪皮

烤熟的舒芙蕾面糊

水

生舒芙蕾面糊

什么是舒芙蕾乳酪蛋糕

法式奶酪酱汁（加入奶酪和蛋黄的奶油调味汁）和打发的蛋白混合烤制而成。

料理用时

准备：30分钟
烹饪：40~50分钟
静置：10分钟

工具

电动搅拌器（保证蛋白细腻）
舒芙蕾模具（直径20厘米）

创新菜品

蟹肉舒芙蕾
甜味舒芙蕾

难点

烤制。

操作要领

贝夏梅尔调味酱。（22页）
切末。（280页）

窍门

如果舒芙蕾塌陷，可以重新放入烤箱中烤制5分钟，但膨胀的高度会略低1厘米。

料理完成

当舒芙蕾变成金黄色并膨胀得非常好且不会再膨胀时，即制作完成。

舒芙蕾是怎样膨胀的

舒芙蕾内水分蒸发，同时鸡蛋的蛋白质发生凝结，这使得舒芙蕾膨胀。

为什么舒芙蕾会重新塌陷

因为水蒸气遇冷重新凝结成水，水的体积小于水蒸气，同时鸡蛋蛋白质结构不再牢固，因此发生塌陷。

4人份舒芙蕾乳酪蛋糕

舒芙蕾配料（法式奶油酱汁）

40克软黄油
40克面粉
½茶匙匈牙利辣椒粉
½茶匙盐
少许卡宴辣椒粉
少许白胡椒粉
少许肉豆蔻粉
330毫升牛奶
170克孔泰奶酪碎或波弗特奶酪碎
20克帕尔马干奶酪碎
6个蛋黄
3或4枝欧芹

蛋白

6个鸡蛋的蛋白

模具

20克帕尔马干奶酪碎（约1½汤匙）
10克软化黄油

制作舒芙蕾乳酪蛋糕

1. 烤箱预热至180℃，欧芹洗净、擦干、择叶并剪碎。将软黄油涂抹在模具内部后倾斜模具，在其中均匀地撒上帕尔马干奶酪碎。放入冰箱冷藏。

2. 搅拌碗中放入面粉、匈牙利辣椒粉、盐、卡宴辣椒粉、白胡椒粉和肉豆蔻粉并搅拌均匀。将黄油放入一只小平底锅中以中火加热，然后放入刚刚加入作料的面粉，用叉子搅拌呈糊状，大约1分钟后倒入牛奶，不停地搅动，加热1分钟直至得到奶油调味汁，离火。

3. 加入孔泰奶酪碎（或波弗特奶酪碎）和帕尔马干奶酪碎（保留1汤匙备用），用抹刀搅拌，奶酪融化后关火，静置10分钟降温。

4. 加入蛋黄和欧芹完成奶油调味汁。

5. 蛋白用电动搅拌器打发后加入调制好的奶油调味汁，并继续搅拌15秒钟，最终得到舒芙蕾面糊。

6. 将舒芙蕾面糊倒入模具中（不倒满，留3厘米），表面撒上剩余的帕尔马干奶酪。

7. 放入烤箱烤制45~50分钟。烤制20分钟后将温度调至160℃。烤制结束后用刀从侧面插入，取出后若刀片没有沾上面糊则制作完成。

舒芙蕾可丽饼

要点解析

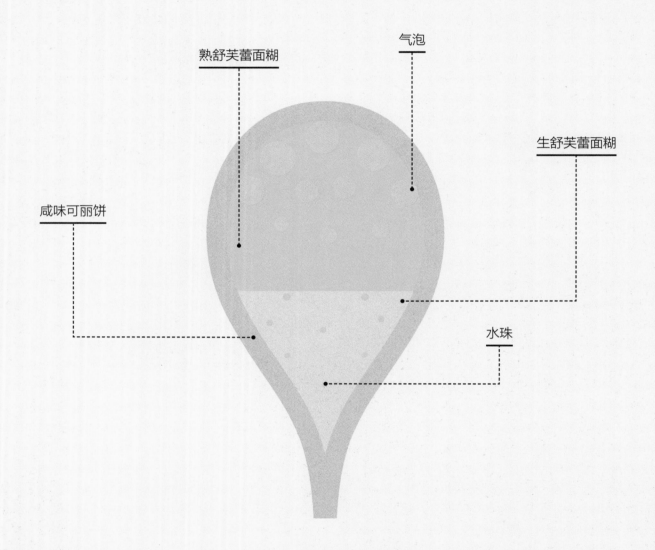

熟舒芙蕾面糊

气泡

生舒芙蕾面糊

咸味可丽饼

水珠

什么是舒芙蕾可丽饼

配有奶酪舒芙蕾和蘑菇的可丽饼放入烤箱烤制而成。

料理用时

准备：45分钟
烹饪：10~12分钟
静置：10分钟

工具

一只薄饼煎锅（直径为25厘米）
2个烤盘
电动搅拌器（保证蛋白更好地打发）

创新菜品

羊乳奶酪和核桃口味的舒芙蕾可丽饼

难点

可丽饼的制作。
奶油酱汁涂抹在蓬松的舒芙蕾上。

操作要领

切碎。（280页）
切片。（280页）

储存

包上保鲜膜冷藏可保存1天，食用前在150℃的烤箱中烤制5分钟。

料理完成

当可丽饼轻微膨胀并且舒芙蕾变成金黄色，即制作完成（用蛋糕测试针轻轻插入舒芙蕾中心，取出后若干燥无水分，则烤制完成）。

具体步骤

1

2

3

4人份舒芙蕾可丽饼

1. 可丽饼面团

170毫升牛奶（常温）
80克面粉
2个鸡蛋（常温）
25克焦化黄油（53页）
5毫升花生油
½茶匙盐

2. 舒芙蕾

5个鸡蛋
40克面粉
40克黄油
250毫升牛奶
少许卡宴辣椒粉
少许肉豆蔻粉
½茶匙盐
胡椒粉（研磨器转3下）

3. 配菜

100克埃蒙塔尔奶酪碎
200克巴黎蘑菇
1瓣蒜
10克黄油
胡椒粉（研磨器转3下）
½茶匙盐

制作舒芙蕾可丽饼

1. 准备可丽饼所需面团。搅拌盆中加入面粉、鸡蛋、盐搅拌均匀，慢慢倒入一半牛奶并不停搅拌直至面粉变平滑；加入焦化黄油，搅匀后倒入剩余牛奶。

2. 大火加热煎锅，厨房用纸蘸油涂抹在锅内；取半勺面糊倒入锅内并倾斜煎锅使面糊摊均匀，当可丽饼边缘成型并且贴近一侧的饼颜色金黄时将之翻转，几秒钟后取出放在盘中，刚刚贴近煎锅的一面朝上摆放；火稍稍减小，按此步骤再摊制7张饼，视情况可在倒入面糊前在锅内涂少量油。

3. 烤箱预热至220℃。两只烤盘涂上黄油，大蒜切碎，蘑菇去茎留盖根据大小切成4或8份。

4. 将蘑菇放入40克黄油中以中火加热，稍微脱水后加入切碎的大蒜搅匀后炒制30秒钟至1分钟并加入调料。

5. 搅拌盆中加入面粉、盐、卡宴辣椒粉、胡椒粉和肉豆蔻粉，搅拌均匀后再放入牛奶和10克黄油做出奶油调味汁；炒锅关火并在蘑菇中加入奶酪碎，用抹刀搅拌均匀静置10分钟等其降温；取5个鸡蛋，蛋白和蛋黄分开放置，蛋白打发，蛋黄放入奶油调味汁中搅拌均匀后全部倒入打发的蛋白中，混合所有食材得到舒芙蕾面糊。

6. 每个烤盘中放4张饼（4张饼摊开后一半在烤盘外，一半在烤盘内，这样方便接下来折叠），在每张饼的一半处倒入面糊，轻轻折叠但不要按压，烤箱调到200℃并烤制10~12分钟，注意在烤制进行一半时将烤箱温度调到150℃。

香煎鸭肝

要点解析

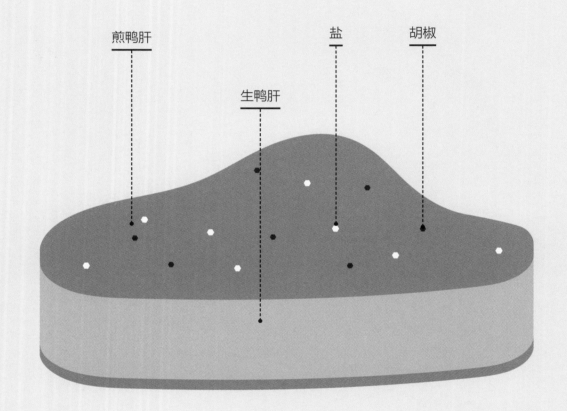

煎鸭肝　　　盐　　　胡椒

生鸭肝

什么是香煎鸭肝

鸭肝在平底锅中煎制并配以酒渍杏子。

料理用时

准备：25分钟
烹饪：10分钟
静置：1小时

工具

可放入烤箱的平底煎锅
烤架
去皮器

可替代品

配菜：无花果或无花果干
摆盘：圆形摆盘

操作要领

去除锅内油脂。（283页）
黄油增稠。（282页）
切丁。（36页）
收汁。（283页）

窍门

烹饪鸭肝过程中计时，使用冷冻鸭肝可以在烹饪中减少损失。

料理完成

当鸭肝厚片两面金黄，酱汁呈现光泽时即制作完成。

鸭肝选择

冷冻鸭肝厚片；直接在卖肉食品的店铺购买一整个鸭肝（可代为切成厚片）；真空包装鸭肝。

为什么烹饪过程中鸭肝会融化

因为鸭肝中含有油脂，当温度升高，油脂会快速融化。

具体步骤

4人份香煎鸭肝

鸭肝

8块生鸭肝
½茶匙盐
胡椒粉（研磨器转3下）

酱汁

80克杏干
200毫升波尔图葡萄酒
1个柠檬
40克黄油，15毫升橄榄油
胡椒粉（研磨器转3下）
½茶匙盐之花

1. 取一个大盘子铺上保鲜膜，放上鸭肝后再包上一层保鲜膜，冷冻1小时后取出；烤箱预热至160℃；杏干切成丁状，柠檬洗净、擦干、去皮（柠檬皮需为长条状），将柠檬皮大致切碎。

2. 杏干从葡萄酒中沥出，与柠檬皮、胡椒粉（研磨器转6下）和橄榄油混合并搅拌均匀。

3. 将鸭肝放入锅中煎烤30秒钟至两面金黄，加入盐和胡椒粉（研磨器转3下），放入烤箱5分钟后取出，将鸭肝放在烤架上，烤架下方放置一个盘子，再次将鸭肝放入已经关火的烤箱中。

4. 煎锅除去油渍，将杏干放入锅中，大火烧至金黄后，倒入葡萄酒；将黄油切成小块放入锅中并加适量调料。

5. 鸭肝摆盘，配上两匙酒渍杏干并撒上盐之花。

烤牛骨髓

要点解析

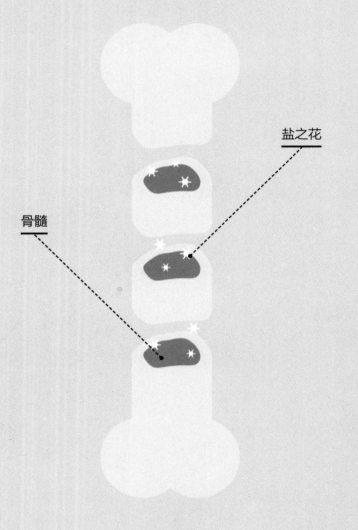

盐之花

骨髓

什么是烤牛骨髓

内含骨髓的圆柱形骨头。

料理用时

准备：10分钟
烹饪：20分钟

创新菜品

骨头切成圆柱状（烹饪时间相同）
用加入香辛蔬菜或红葱头的盐代替盐之花

难点

烹饪过程：时间太长骨髓易化为液态油脂。

窍门

将骨头两面都抹上盐之花，以防骨髓在烹饪过
程中流失。

料理完成

当骨髓微微鼓起并变成金黄色时即制作完成。

储存

熟骨髓：立即食用。
生骨髓：冷藏2~3天；冷冻可保存数周。

骨髓由什么组成

骨髓中60%为油脂，其余为蛋白质和水。

为什么在骨髓上撒盐

骨髓中的水在烹饪过程中蒸发并使骨髓微微
鼓起，而盐能够很好地吸收水分，防止骨髓
溢出骨头。

4人份烤牛骨髓

骨髓

4块骨头（切好并呈圆柱状）
盐之花
研磨胡椒粉
1茶匙橄榄油

面包

半个法棍面包

1. 烤箱预热至230℃，将盐之花涂抹到骨髓及骨头两端，轻轻按压使盐更好地浸透骨髓。
2. 厨房纸蘸油擦拭烤盘，放上骨头后放入烤箱烤制20分钟，直至骨髓微微鼓起。
3. 将法棍面包切成9片，每片厚度为1~1.5厘米，放入烤箱烤制3~4分钟直至金黄（烤制过程中将法棍面包翻一次面）。
4. 用刀插入骨髓中间检验是否烤熟，若刀不受阻力插入并且取出后刀片温热，则烤制成功；将骨头取出装盘并配上法棍面包、盐之花和胡椒粉。

鸭肝饺子

要点解析

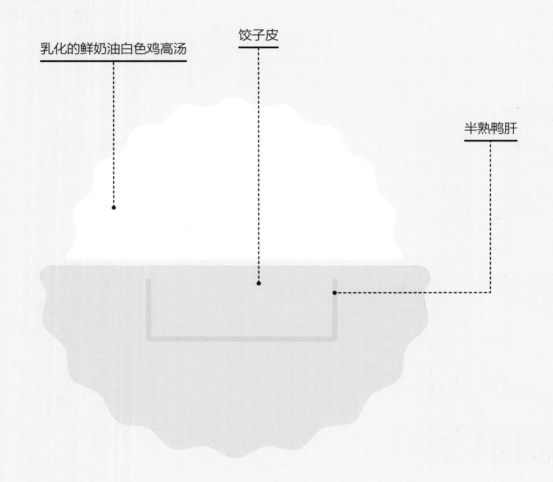

乳化的鲜奶油白色鸡高汤

饺子皮

半熟鸭肝

什么是鸭肝饺子

方形饺子面皮包入鸭肝捏成半月形，配以白色鸡高汤和松露油制成。

料理用时

准备：20分钟
烹饪：10分钟
静置：1~2分钟

工具

搅拌器
刷子
直径为6厘米的圆形切模

难点

捏饺子和煮饺子。

操作要领

收汁。（283页）
切末。（280页）

料理完成

当饺子皮煮得筋道、酱汁呈慕斯状时即制作完成。

4人份鸭肝饺子

面皮

16张饺子皮（10厘米×10厘米）

馅

160克半熟鸭肝
40毫升松露油
½茶匙盐之花
胡椒粉（研磨器转4下）

具体步骤

酱汁

750毫升鸡高汤（10页）
70毫升液体奶油

摆盘

5根小葱
½茶匙盐之花
胡椒粉（研磨器转4下）

1. 将半熟鸭肝切成16块（每块重约10克），小葱切碎；鸭肝撒上胡椒粉和½茶匙盐之花，每块鸭肝淋上少量松露油；将饺子皮放在案板上。

2. 刷子蘸水涂抹饺子皮朝上的一面，在边角处放置一块鸭肝后将饺子皮叠成三角形，其中有一面没有被封上，轻轻压实饺子边和未封口的一面；用圆形切模将饺子切成半月状。

3. 锅中倒入鸡高汤，煮开后放入饺子，同时将火调小煮1分钟直至饺子变得筋道，用漏勺盛出放在4个盘子里并加入少许鸡高汤；再一次煮开鸡高汤，将汤汁收至剩下一半。

4. 将液体奶油倒入鸡高汤锅中，再次收汁直至得到流动但浓稠的奶油，完成后用搅拌器将奶油打发。

5. 将奶油淋在煮好的饺子上，撒上切好的小葱，淋上松露油、盐之花和胡椒粉（研磨器转1下）即完成。

勃艮第红酒酱鸡蛋

要点解析

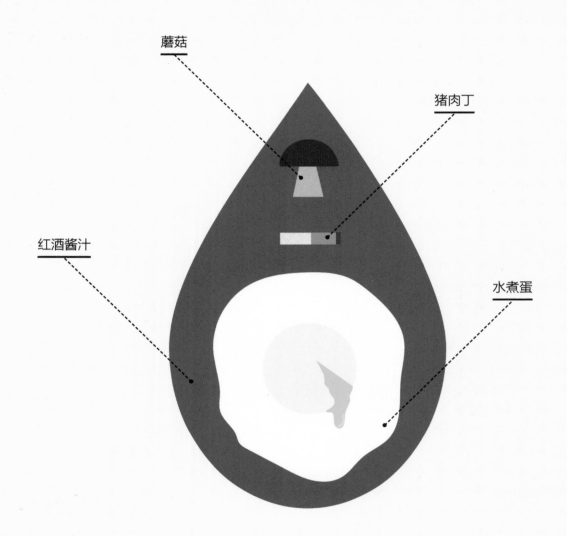

蘑菇

猪肉丁

红酒酱汁

水煮蛋

什么是勃艮第红酒酱鸡蛋

水煮蛋浇上红酒调制的酱汁，配上肥猪肉丁、蘑菇和烤面包。

料理用时

准备：40分钟
烹饪：20~25分钟

工具

中国帽子式滤网
漏勺

创新菜品

用荷兰酱（30页）代替红酒；熏制三文鱼代替蘑菇和肥猪肉丁

难点

在酱汁中煮鸡蛋；黄油和酱汁的混合。

操作要领

切末。（280页）
撇去浮沫。（283页）
切片。（280页）
沥去蛋白。（69页）
滤网过滤。（29页）
脱水。（282页）

注意

尽量选择单宁酸含量高、醇厚的红酒。

料理完成

当酱汁浓郁、配料金黄时即制作完成。

酱汁为何会变浓稠

借助面粉和黄油的混合：在烹饪过程中，面粉中的淀粉遇水膨胀分裂成两种分子。

具体步骤

4人份勃艮第红酒酱鸡蛋

鸡蛋

4个鸡蛋

酱汁

1个红葱头
50克软化黄油
25克面粉
20克浓缩番茄汁（约2茶匙）
500毫升红酒
500毫升棕色小牛高汤（12页）
10克糖（约2茶匙）
1片月桂叶

配菜

4片法棍面包（约50克）
150克熏制肥猪肉丁
150克巴黎蘑菇

作料

¼茶匙盐
研磨胡椒粉

摆盘

2枝欧芹叶

制作勃艮第红酒酱鸡蛋

1. 红葱头剥皮切碎；取一个平底锅放入黄油，加热至融化，放入红葱头并加入½茶匙盐，翻炒至脱水；倒入浓缩番茄汁，搅拌均匀并煮30秒钟。

2. 加入红酒、棕色小牛高汤、糖、月桂叶和胡椒粉（研磨器转3下），煮10~15分钟直至汤汁收至剩下一半（其间不停地撇去浮沫）。

3. 另取一个锅放入肥猪肉丁，加水没过肥猪肉丁，沸腾后调成中火，肥猪肉丁上色后用漏勺取出放在吸油纸上。蘑菇去茎，根据大小将顶部切成2或4片放入锅中，加入10克黄油煮2~3分钟使蘑菇上色后加入胡椒粉（研磨器转3下），搅拌均匀后关火。

4. 取一个碗，放入面粉和剩余的软化黄油，均匀搅拌后放入冰箱冷藏备用；面包烤好后放入盘中。

5. 取4个小碗，每个碗中打入一个鸡蛋，然后将碗中鸡蛋倒在滤网上，只留下蛋黄和浓稠的蛋白，再倒回碗中。将搅拌好的棕色小牛高汤倒入一个小平底锅中，加热至沸腾后调成文火，并不停搅拌至高汤中心出现漩涡，取一个鸡蛋倒入漩涡中心，文火煮2分钟。

6. 关火，用漏勺捞出煮好的鸡蛋，并将漏勺放在厨房纸上沥干汤汁。以此步骤处理好剩余3个鸡蛋后，将每个鸡蛋对应放在面包上。

7. 将汤汁通过中国帽子式滤网倒入另一个锅中，滤除杂质后静置等待汤汁变温。

8. 将搅拌好的黄油面粉倒入汤汁中，不停搅拌使汤汁变浓稠。根据个人口味调整味道。

9. 汤汁浇在鸡蛋上，用汤匙在面包周围淋一圈汤汁。将蘑菇和肥猪肉丁放在面包周围，撒上切碎的欧芹叶即完成。

海鲜
黄油焗贻贝

要点解析

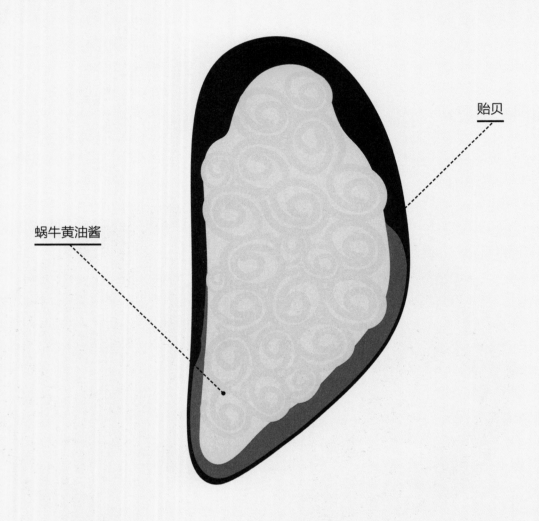

贻贝

蜗牛黄油酱

什么是黄油焗贻贝

贻贝在白葡萄酒中煮过后塞满蜗牛黄油酱，撒上面包屑在烤箱中烤制而成。

料理用时

准备：45分钟
烹饪：10分钟

工具

厨刀
抹刀

难点

贻贝的烹饪：时间太久肉质易变硬。

操作要领

清洗贻贝。（139页）
切末。（280页）

料理完成

当面包屑烤至金黄，黄油微微冒泡时料理完成。

烹饪顺序

提前1~2小时在贻贝中涂抹好黄油放入冰箱冷藏备用；烹饪中最后一步撒面包屑。

为什么不泡在水中而用流动水清洗贻贝

因为泡在水中贻贝容易张开，贻贝内的海水易流失。

具体步骤

4人份黄油焗贻贝

贻贝

800克西班牙贻贝（或肥贻贝）
2个红葱头
40毫升白葡萄酒
胡椒粉（研磨器转6下）

蜗牛黄油酱（41页）

1个红葱头
150克软化黄油
20克欧芹
2瓣大蒜
20克面包屑

½茶匙盐
胡椒粉（研磨器转8下）

1. 在冷水流下处理干净贻贝后捞出沥干水分。
2. 将2个红葱头剥皮，切碎；制作蜗牛黄油酱。
3. 将贻贝、红葱头、白葡萄酒和胡椒粉放入平底锅中，大火煮5~6分钟（不加锅盖）并不停搅拌；贻贝均开口后关火，盛出放入冰箱冷藏。
4. 烤架放入烤箱预热，拔除不与贝肉相连的上壳，塞满黄油，并用抹刀抹平，撒上面包屑放入烤箱烤2~3分钟。

橙汁黄油扇贝肉

要点解析

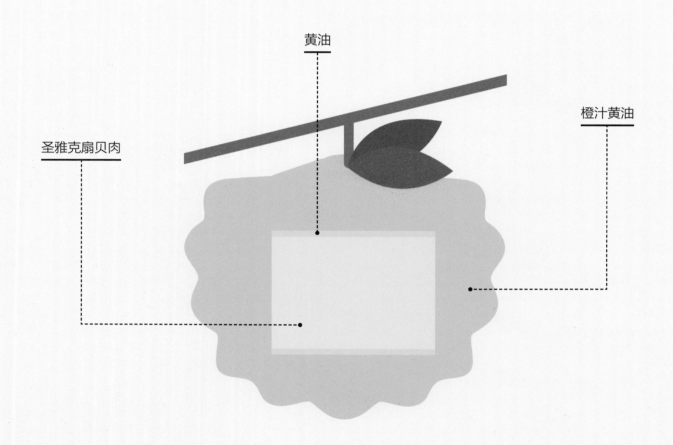

黄油

橙汁黄油

圣雅克扇贝肉

什么是橙汁黄油扇贝肉

煎好的圣雅克扇贝肉配上橙汁黄油酱汁。

料理用时

准备：20分钟
烹饪：5~10分钟

工具

不粘锅

创新菜品

圣雅克扇贝肉配白黄油酱（28页）

难点

扇贝肉的烹饪：时间太长肉质易发硬，嚼不烂。

操作要领

搅拌黄油至乳化。

窍门

煎制时扇贝肉应该擦干水分。

为什么橙汁会转变成糖浆状

橙汁遇热水分蒸发使其最终变为糖浆状。

为什么黄油会"冒泡"

黄油中的水分蒸发时蛋白质吸收了蒸发的水分，产生了气泡。

具体步骤

4人份橙汁黄油扇贝肉

圣雅克扇贝

16块处理好的扇贝肉
30克黄油
1汤匙橄榄油
½茶匙盐之花
胡椒粉（研磨器转8下）

橙汁黄油酱汁

3个橙子
50克黄油

收尾

½茶匙盐之花

1. 扇贝肉洗干净后用厨房纸擦干。
2. 挤压3个橙子得到约180毫升橙汁，将橙汁倒入锅中加热至沸腾，煮至糖浆状（约40毫升）。
3. 加入黄油块，中火加热并不断搅拌，黄油融化后盖上锅盖调到小火（不超过50℃）慢慢熬煮（直到使用）。

4. 另取一个锅倒入橄榄油，开到大火快速煎扇贝肉（每面约为1分钟）。
5. 调至中火，加入黄油煮至冒泡；让扇贝肉在黄油中入味（1~2分钟）；加入盐和胡椒粉。
6. 扇贝肉装盘，撒上盐之花并在旁边淋上橙汁黄油酱。

火焰明虾

要点解析

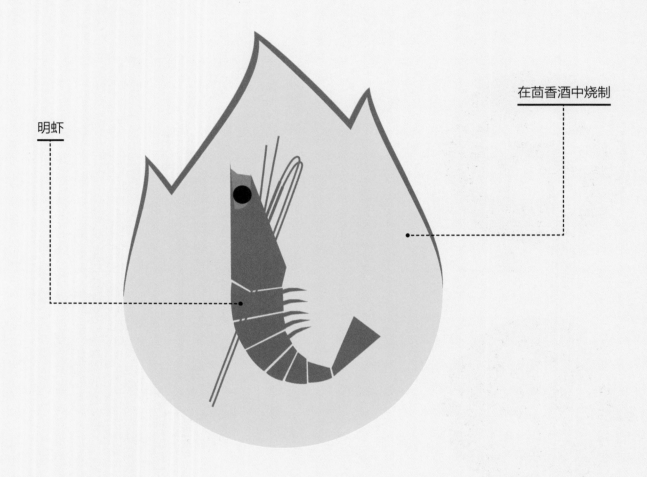

明虾

在茴香酒中烧制

什么是火焰明虾

在香辛蔬菜和蒜中腌制过的明虾煎过后在茴香酒中烧制。

料理用时

准备：25分钟
烹饪：5分钟

工具

平底不粘锅

创新菜品

威士忌或干邑白兰地代替茴香酒

操作要领

去壳。（279页）
切片。（280页）
切末。（280页）
火烧。（282页）
去皮。（280页）

为什么会出现火焰

火焰是由于酒精加热蒸发被点燃。

具体步骤

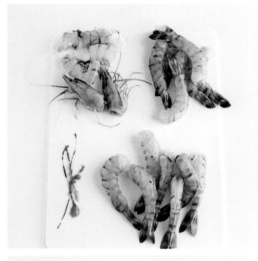  

4人份火焰明虾

虾

20只生速冻明虾
50毫升茴香酒

腌泡汁

30克阔叶欧芹
10克香菜
1瓣大蒜
1个柠檬
½茶匙埃斯普莱特辣椒
1茶匙盐
35毫升橄榄油

1. 明虾洗净、去壳去头后放入冰箱中冷藏保存备用。
2. 香菜和阔叶欧芹洗净、擦干并切碎；大蒜剥皮切碎；柠檬去皮挤出汁；将大蒜、甜椒和盐混合后加入香菜和阔叶欧芹搅拌均匀，再放入柠檬汁、橄榄油和一半量的柠檬皮，搅拌均匀得到腌泡汁。
3. 明虾取出，将腌泡汁倒在虾上（腌泡汁留一部分备用）。
4. 大火加热平底锅后放入明虾，每面煎1分钟左右。
5. 锅中浇入30毫升茴香酒出现火焰。
6. 明虾倒入盘中后开火，在锅中倒入20毫升茴香酒，将剩余腌泡汁倒入锅中，搅拌均匀后浇在明虾上，撒上剩余柠檬皮即可。

清煮螯虾

要点解析

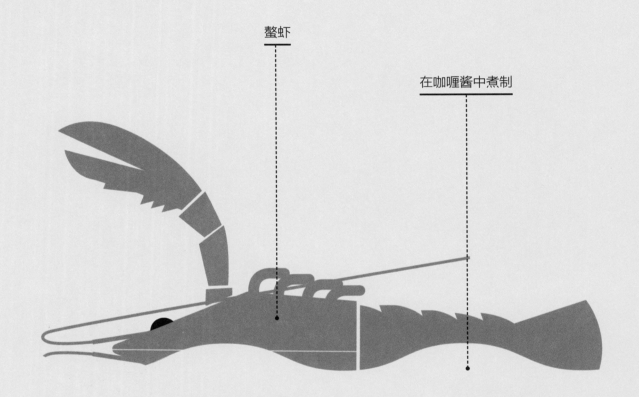

螯虾

在咖喱酱中煮制

什么是清煮螯虾

螯虾在白葡萄酒制成的调味汤汁中煮好，配上咖喱黄油汁。

料理用时

准备：15分钟（不包括准备调味汤汁的时间）

烹饪：5~10分钟

工具

中国帽子式滤网
手动打蛋器

创新菜品

传统菜谱：配菜采用胡萝卜块和洋葱圈
清煮圣雅克扇贝
清煮海螯虾

难点

螯虾的烹饪。

操作要领

去虾线。（279页）
过滤。（281页）
沥。（282页）

窍门

不要提前去虾线，否则虾背会变垮。

料理完成

试吃一只虾，若已熟则制作完成。

调味汤汁和清煮的区别

调味汤汁是用蔬菜、酒、调味香料等制成的调味汤汁；而清煮则是一道菜；但两者做法相同，只是叫法不同而已。

具体步骤

4人份清煮螯虾

清煮螯虾

1千克生螯虾
1升调味汤汁（用150毫升白葡萄酒代替醋）（16页）

酱汁

50克黄油
½或1茶匙红咖喱酱

1. 清洗干净螯虾后捞出沥干水分备用（只在烹饪前去虾线）。
2. 调味汤汁加热至沸腾，螯虾去虾线后放入汤汁中，待锅内再次沸腾后再煮5~10分钟并不时搅拌。
3. 捞出螯虾，将汤汁倒入滤网中过滤；螯虾去壳。

4. 取一个锅，放入10克黄油融化后加入红咖喱酱搅拌均匀，1分钟后倒入汤汁，加热至沸腾；将剩余黄油切成丁状放入锅中，用打蛋器搅拌均匀。
5. 盘中倒入汤汁并在中间摆上螯虾即可。

罗勒黄油烤龙虾

要点解析

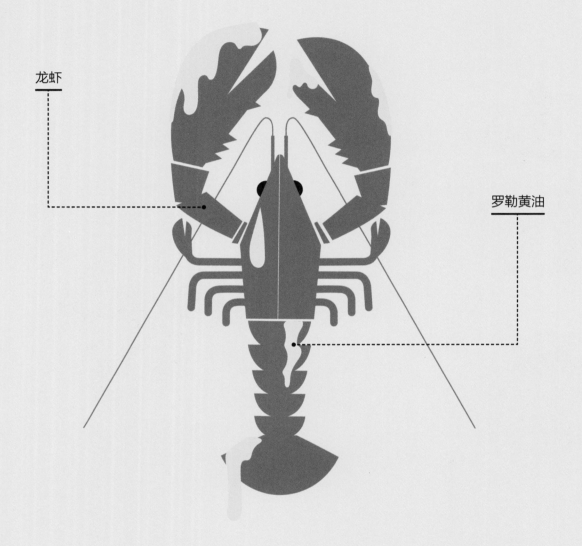

龙虾

罗勒黄油

什么是罗勒黄油烤龙虾

龙虾一分为二，抹上芥末和罗勒黄油在锅中煎过后在放入烤箱烤制而成。

料理用时

准备：20分钟
烹饪：7~8分钟

工具

刀
2个可放进烤箱的煎锅
1个烤盘

难点

龙虾的处理。

操作要领

切末。（280页）
切碎。（280页）

窍门

分离龙虾时将刀插入龙虾头上的小十字中。

料理完成

当龙虾钳中的肉烤熟（龙虾钳中的肉烤熟时间要比身子烤熟时间长一些）且外壳没有全红时料理完成。

4人份罗勒黄油烤龙虾

龙虾

4只活龙虾，每只重500~600克
20毫升橄榄油

罗勒黄油

120克软化黄油
1枝罗勒
4个糖腌番茄
80克传统芥末

具体步骤

作料

——

少许埃斯普莱特辣椒
1茶匙盐
胡椒粉（研磨器转6下）

收尾

——

1茶匙盐之花
少许埃斯普莱特辣椒

1. 罗勒择叶，洗净，沥干并切碎，糖腌番茄切碎，和软化黄油、芥末一起搅拌均匀后加入盐、胡椒粉和辣椒，搅拌直至得到面团状。
2. 龙虾沿竖直方向一分为二，取出肠子、卵和头中的沙囊；用刀背粗略地将龙虾钳压碎以便烹饪。
3. 烤箱预热至200℃；去除虾身的壳（留下虾尾的壳），虾肉和虾尾抹上罗勒黄油（预留2汤匙黄油以便装盘时使用）。

4. 平底锅中倒入橄榄油大火加热；放入龙虾煎1分钟直至颜色金黄；龙虾取出翻面放在烤盘上，放入烤箱烤制6~7分钟。
5. 龙虾配上剩下的黄油装盘，撒上盐之花和辣椒即可。

酿鱿鱼

要点解析

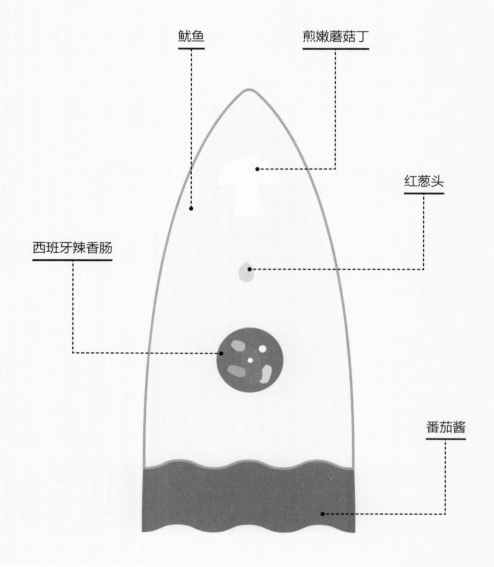

鱿鱼

煎嫩蘑菇丁

红葱头

西班牙辣香肠

番茄酱

什么是酿鱿鱼

整只鱿鱼中塞入蘑菇丁、辣香肠制成的馅料，先在锅中煎香后再放入烤箱中烤制而成。

料理用时

准备：30分钟
烹饪：17~18分钟

工具

可放入烤箱的平底锅
4根牙签
裱花袋

难点

烹饪鱿鱼。
鱿鱼填馅。

操作要领

切碎。（280页）

创新菜品

为了加强鱿鱼味道，可以将鱿鱼卷在加入大蒜的橄榄油中煎制，切碎后放入蘑菇丁中。

料理完成

当鱿鱼筒变色并且肉质变软时，即制作完成。

4人份酿鱿鱼

鱿鱼

4个长约20厘米的鱿鱼筒
3汤匙橄榄油
¼茶匙盐

具体步骤

香肠蘑菇丁

300克巴黎蘑菇
30克西班牙辣香肠
3个红葱头
1瓣蒜
半个柠檬
45克黄油
20毫升液体奶油
¼茶匙盐
胡椒粉（研磨器转3下）

配菜

350克番茄酱（24页）

1. 烤箱预热至180℃，取一个锅制作蘑菇丁（见43页），完成后锅中加入切碎的大蒜，搅拌30秒钟直至有蒜香味；倒入奶油沸腾后调至小火，加热约10分钟直至液体浓稠。
2. 香肠去肠衣后切成小丁状；蘑菇丁加入盐、胡椒粉后放入香肠丁，搅拌均匀后倒入裱花袋中。

3. 鱿鱼筒洗净塞入¾的馅料后用牙签封口。
4. 另取一个锅，大火加热橄榄油，放入鱿鱼煎1分钟直至油微冒烟，鱿鱼翻面继续煎制。
5. 鱿鱼取出，锅中加入50毫升水融化锅底剩余调料；倒入番茄酱，加热至沸腾；关火，放入鱿鱼并将锅放入烤箱中，7~8分钟后取出装盘。

149

鱼
法式干煎鳎目鱼

要点解析

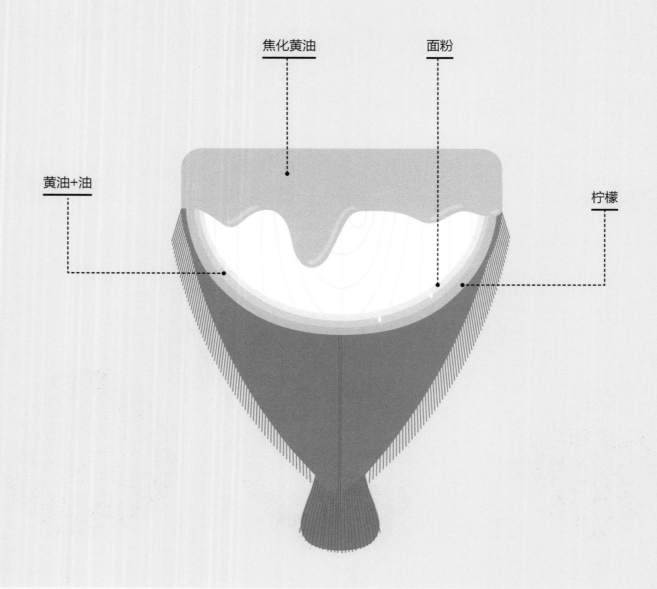

焦化黄油

面粉

黄油+油

柠檬

什么是法式干煎鳎目鱼

鳎目鱼包裹上面粉在锅中煎制后浇上褐色黄油、柠檬汁和欧芹。

料理用时

准备：15分钟
烹饪：5分钟

工具

两个大号平底锅

创新菜品

鳎目鱼配杏仁

难点

煎制。
装盘（烹饪后的鳎目鱼肉质易散）。

操作要领

褐色黄油。（53页）
切末。（280页）

窍门

只在煎制前裹面粉，过早地裹面粉会使得面粉被油浸透。

料理完成

手指按压鱼鳃处，若鱼头和鱼身轻易分开即制作完成。

注意

鳎目鱼需处理干净（剪鳍、去鳞、去皮等）。

面粉有什么作用

面粉中的淀粉吸收鱼表面水分，加热后面粉变干并粘在鱼表面，使得鱼更松脆。

具体步骤

4人份法式干煎鳎目鱼

鱼

4条处理干净的鳎目鱼（每条约250克）
80克面粉
40克黄油
40毫升葵花子油或花生油
半个柠檬
½茶匙盐
胡椒粉（研磨器转8下）

褐色黄油（53页）

80克黄油

摆盘

10克欧芹

1. 欧芹叶切碎；鳎目鱼洗净，用厨房纸擦干，倒上盐和胡椒粉腌制。
2. 将鱼两面抹上面粉，轻拍鱼身抖落多余面粉。
3. 锅中倒入油和黄油，大火加热，当黄油冒泡并变金黄色时放入鱼上色，煎1~2分钟。
4. 用锅铲将鱼翻面，调至小火，约2分钟后关火。
5. 将鱼放入盘中，挤上柠檬汁；淋上一层褐色黄油，并撒上切碎的欧芹。

香煮鳐鱼翅

要点解析

鳐鱼翅 ······

柠檬+焦化黄油 ······

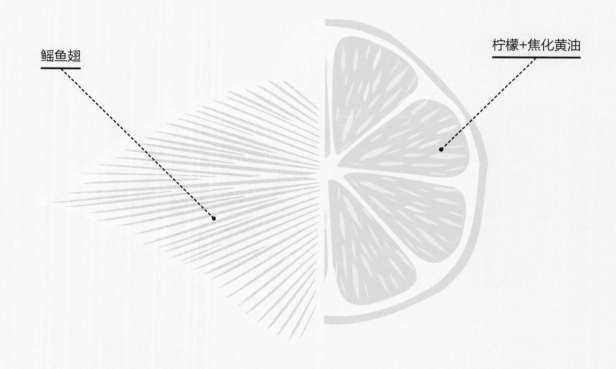

什么是香煮鳐鱼翅

鳐鱼翅煮熟配上焦化黄油、醋、刺山柑花蕾、油炸面包和柠檬丁。

料理用时

准备（不包含调味汤汁的准备时间）：30分钟
烹饪（不包含调味汤汁的烹饪时间）：10~15分钟

难点

油炸面包上色。
鳐鱼翅的烹饪。

操作要领

柠檬去皮。（280页）
取柠檬肉。（280页）

创新菜品

用沸腾盐水代替调味汤汁（每升水加入15克盐）；冷却后加入柠檬汁（每升水放入2个柠檬榨出的汁）

料理完成

当鱼肉和鱼刺能够轻易分开时，即制作完成。

为什么煮鱼时要用微滚而非沸腾的水

为了防止鱼肉在水中分离。

具体步骤

4人份香煮鳐鱼翅

鱼

4条鳐鱼翅（每条约250克）或4块带刺鱼排
2汤匙红酒醋

褐色黄油（53页）

80克黄油

调味汤汁（16页）

2根胡萝卜（240克）
2个洋葱（240克）
30克欧芹
6枝百里香
2片月桂叶
2升水
200毫升醋
30克粗盐
1茶匙胡椒粒

油炸面包

80克去边吐司
20克黄油
20毫升橄榄油
½茶匙盐

配菜

1个柠檬
40克刺山柑花蕾

153

制作香煮鳐鱼翅

1. 制作调味汤汁并放置使其冷却。
2. 将去边吐司切成1厘米宽的丁状；取一个大号平底锅，放入黄油和橄榄油中火加热，当黄油停止冒泡时放入吐司丁并不时翻动，约5分钟直至面包金黄。
3. 柠檬剥皮取出果肉，将柠檬瓣切成长宽1厘米的小丁；刺山柑花蕾洗净沥干水分备用。

4. 洗净鳐鱼翅的黏液。
5. 将鳐鱼翅放入冷却的调味汤汁中，加热至微微沸腾后再煮10~15分钟。
6. 制作褐色黄油（53页）。

7. 将鳐鱼翅捞出放入盘中，去皮后均匀地撒上刺山柑花蕾，淋上褐色黄油；将醋倒入制作黄油的锅中，融化锅底剩余黄油并迅速倒在鱼翅上；撒上面包丁和柠檬丁即可。

缤纷多宝鱼柳

要点解析

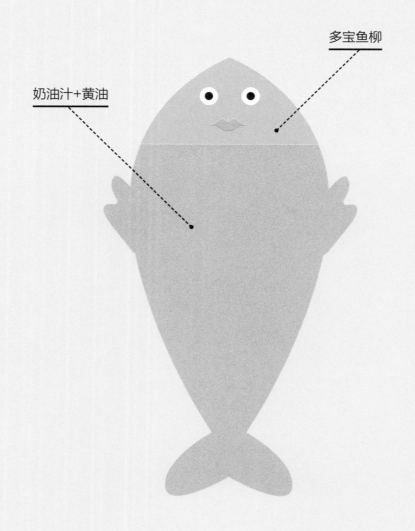

多宝鱼柳

奶油汁+黄油

什么是缤纷多宝鱼柳

多宝鱼柳在调味汤汁中煮好后淋上奶油汁和黄油,整体放入烤箱烤制而成。

料理用时

准备:20分钟
烹饪:7~9分钟

工具

烤盘或可放入烤箱的平底锅
中国帽子式滤网

创新菜品

缤纷龙利鱼柳

难点

多宝鱼的烹饪。

操作要领

汤肴将熟时放入黄油。(282页)
切末和切片。(280页)
滤网过滤。(281)
压榨。(281页)
收汁。(283页)

料理完成

当肉质紧实,酱汁金黄时即制作完成。

什么是蒸煮

以极少量液体烹煮,水位和鱼肉高度一致。

烹饪最佳温度应是多少

鱼肉中间应保持50℃。以160℃加热时,非常容易得到最佳温度,因此烹饪时间都非常短:烤箱4~5分钟,烤架3~4分钟。

具体步骤

4人份缤纷多宝鱼柳

鱼

2条多宝鱼（每条重约1千克）或1条重约2千克的多宝鱼

调味汤汁

100克巴黎蘑菇
1个红葱头
20克欧芹
100毫升白葡萄酒
100~200毫升水
5克黄油

1茶匙盐
胡椒粉（研磨器转4下）

酱汁

200毫升液体奶油
80克黄油

1. 烤箱预热至160℃；红葱头剥皮切碎；欧芹洗净、沥干、切碎；蘑菇去茎并将顶部切片。
2. 平底锅加热，锅内抹上黄油，加入胡椒粉、红葱头、欧芹、蘑菇和茶匙盐；用剩下的盐涂抹鱼柳，折叠起来放入锅中，倒入白葡萄酒和水至锅内¾处，用烘焙纸盖上，加热至微微沸腾。

3. 将锅放入烤箱烤4~5分钟，直至用手按压鱼肉时有一定阻力。
4. 用漏勺捞出鱼柳放在空盘子中并用烘焙纸盖上，柠檬通过滤网挤出汁。
5. 烤架放入烤箱预热；柠檬汁倒入小锅中加热至沸腾，继续加热直至浓缩成3~4汤匙；黄油切成小块。
6. 将奶油倒入柠檬汁中，再次收汁至浓稠；放入黄油，调至中火。
7. 将刚刚调好的酱汁倒在鱼柳上，并将鱼排放在烤架上烤3~4分钟。

美式鮟鱇鱼

要点解析

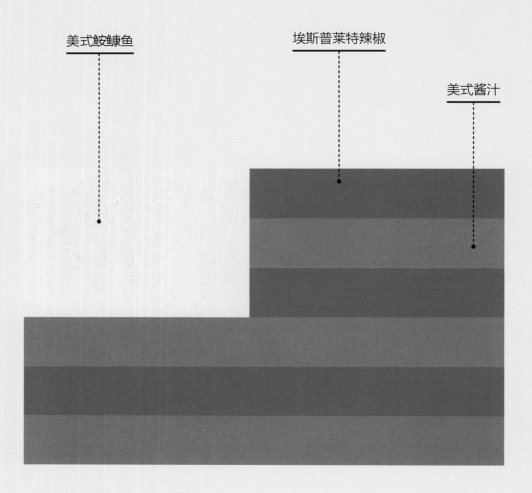

美式鮟鱇鱼

埃斯普莱特辣椒

美式酱汁

什么是美式鮟鱇鱼

金黄的鮟鱇鱼块浇上干邑白兰地在番茄汁中炖制而成。

料理用时

准备：35分钟
烹饪：30~35分钟

工具

厨刀
中国帽子式滤网

创新菜品

带壳类海鲜代替鮟鱇鱼

难点

鮟鱇鱼的烹饪。

操作要领

上色。（282页）
收汁。（283页）
黄油增稠。（282页）
滤网过滤。（281页）
切末。（280页）
去皮。（280页）

料理完成

当鱼肉紧实，酱汁滑顺浓郁时即制作完成。

阿尔摩里克酱汁

美式酱汁的替代品。

高温奶油有什么作用

酒中的酸和酱汁的浓缩都会造成奶油凝结，但高温条件（在150℃下加热2秒钟后迅速冷却）下，油脂使其在烹饪过程中更稳定。

具体步骤

4人份美式鮟鱇鱼

鱼

1条重1千克的处理好的鮟鱇鱼排（不算鱼骨的重量）
20克黄油
2汤匙葵花子油或花生油
½茶匙盐
50毫升干邑白兰地

美式酱汁

350克罐装去皮番茄
30克番茄浓汁
140克红葱头（4~7个）
1瓣大蒜
200毫升干白葡萄酒
20克黄油
100毫升高温液体奶油
少许卡宴辣椒粉
½茶匙盐
胡椒粉（研磨器转3下）

装盘

少许埃斯普莱特辣椒
1个柠檬
10克阔叶欧芹

制作美式鮟鱇鱼

1. 将鱼骨切块，鱼肉分成4份，厨房纸擦干水分后撒上½茶匙盐；红葱头和大蒜切碎。

2. 取一个小锅，放入油和20克黄油，大火加热，再放入鱼肉使其充分着色；倒入干邑白兰地加热至其全部蒸发。

3. 捞出鱼肉；锅调至中火，放入红葱头和½茶匙盐，搅拌后放入鱼骨，1~2分钟后加入大蒜；搅拌约30秒钟倒入番茄浓汁；搅拌均匀，约1分钟后倒入干白葡萄酒，收汁至一半量。

4. 倒入罐装番茄，加入胡椒粉（研磨器转3下）和卡宴辣椒粉，敞开锅盖文火炖15~20分钟后取出鱼骨，将鱼肉放入锅中盖上锅盖煮1~2分钟。

5. 取出鱼肉，将锅中酱汁倒入滤网中过滤，再将过滤后剩余酱汁倒回锅中，大火收汁至一半量；倒入奶油，调至中火，搅拌均匀收汁至汤汁浓稠；加入剩余黄油；根据口味调整调料后关火。

6. 欧芹洗净，沥干，择叶并切碎；柠檬洗净，擦干并取一半果皮；鱼肉再次放入锅中，撒上辣椒、柠檬皮和欧芹碎即可。

香草黄油酥烤鳕鱼

要点解析

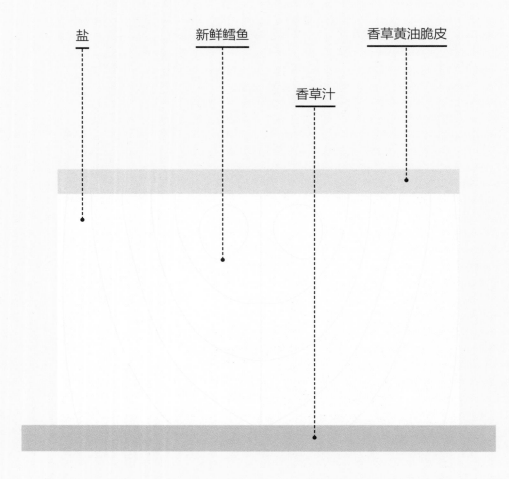

盐

新鲜鳕鱼

香草黄油脆皮

香草汁

什么是香草黄油酥烤鳕鱼

将事先在由盐和糖制成的腌泡汁中腌过的半盐鳕鱼煎过后，撒上黄油和面包而成。

料理用时

准备：35分钟
烹饪：5分钟
静置：50分钟

工具

搅拌器
擀面杖

创新菜品

辣肠面包：用100克西班牙辣香肠和去皮吐司代替香草

难点

香草黄油酥皮的制作。

操作要领

切末和切碎。（280页）

料理完成

当黄油呈金黄色时即制作完成。

储存

加入香草的黄油包上保鲜膜和烘焙纸可冷冻保存3周。

事先腌制时盐起什么作用

盐吸收鱼表面的水分使鱼肉更紧实，更易烹饪。

为什么用"半盐"

所谓的"半盐"，是因为鱼肉新鲜，但并不干燥。

具体步骤

1

2

3

4人份香草黄油酥烤鳕鱼

1. 鱼

1块600克去皮鳕鱼
100克粗盐
10克糖
20毫升橄榄油
50克黄油
½茶匙盐之花

2. 香草黄油脆皮

200克软化黄油
100克去边吐司
2个红葱头
30克阔叶欧芹
10克龙蒿
10克罗勒
胡椒粉（研磨器转6下）

3. 绿色香草汁

40克阔叶欧芹
1茶匙粗盐
胡椒粉（研磨器转4下）

制作香草黄油酥烤鳕鱼

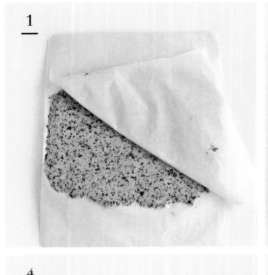

1. 制作香草黄油脆皮：吐司片掰碎；红葱头切碎；香辛蔬菜洗净、沥干、择叶并切碎；将以上食材放在碗中与黄油搅拌均匀，将搅拌好的香辛黄油均匀地抹在烘焙纸上，在黄油上再覆盖一层烘焙纸，用擀面杖擀成3~4厘米厚，擀好后冷冻至少30分钟。

2. 将盐和糖混合均匀，取一个盘子，在盘底铺一层盐和糖；放上鱼肉后再在鱼身抹一层；保鲜膜包好放入冰箱冷藏，20分钟后取出。

3. 欧芹洗净、择叶准备制作香草汁；将欧芹叶放入沸腾的盐水中煮2分钟后捞出，保留约1咖啡杯量的盐水，一点点倒入鱼欧芹叶混合直到成为流动液体；根据个人口味调整调料。

4. 冷水下冲洗鱼肉后用厨房纸擦干，将鱼肉分成4块，每块约为150克；烤架放入烤箱预热；取一个大号平底锅，调至大火倒入橄榄油，放入切好的鱼肉，1分钟后翻面，加入黄油，调至中火煎5~6分钟；取出烤架并将鱼肉放上。

5. 取出香草黄油脆皮，切4块比鱼块稍大1~2毫米的脆皮放在鱼肉上。

6. 鳕鱼放入烤盘，用烤箱上火将脆皮烤至金黄。鱼肉烤制金黄后放在盘子中，撒上盐之花和香草汁即可。

低温烤鳕鱼

要点解析

内部50℃　　　　表面60℃

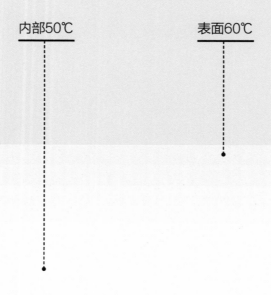

什么是低温烤鳕鱼

鳕鱼在60℃下烤制，配上炸虾和橄榄酸醋酱汁。

料理用时

准备：25分钟
烹饪：30分钟
静置：20分钟

工具

能放入烤箱的大烤盘
炖锅和油炸篮
温度计

难点

烤箱温度

操作要领

使用探针温度计。（284页）
切碎和切末。（280页）

窍门

炸生褐虾；用探针温度计确认烹饪温度：内部
温度应达到50℃。

低温烹饪的好处

肉质不易变柴。

4人份低温烤鳕鱼

1.   烤鳕鱼

1条重约500克的去皮鳕鱼，切成4块
20毫升橄榄油
¾茶匙盐

2.   酸醋酱汁

40克去核卡拉玛塔橄榄
1个红葱头
5根阔叶欧芹
半个柠檬
50毫升橄榄油
⅓茶匙盐
胡椒粉（研磨器转6下）

3.   炸虾

200克熟褐虾
80克面粉
200毫升牛奶
500毫升花生油
1茶匙盐
½茶匙盐之花
胡椒粉（研磨器转3下）

制作低温烤鳕鱼

1. 鱼肉洗净后放在厨房纸上常温下静置20分钟；将烤盘、烤架和装盘用的4个盘子一起放入烤箱，预热至60℃；鱼肉撒盐，抹上橄榄油后放在烤盘中放入烤箱，30分钟后取出，取出后鱼肉内部呈半透明，外部呈不透明状。

2. 橄榄切成圆形薄片；红葱头剥皮切碎；欧芹择叶切碎；柠檬挤压出汁加入盐，溶化后加入上述材料。

3. 油倒入锅中以180℃加热，油炸篮放入锅中；褐虾洗净沥水并用厨房布擦干后放入牛奶中浸透，用漏勺沥出撒上盐放在面粉中抓匀。

4. 将虾放入油炸篮中炸，约10秒钟后捞出，再次将油加热到180℃，放入虾炸5秒钟使其松脆后与油炸篮一起捞出。

5. 将盐之花和胡椒粉撒在虾上，搅拌均匀后倒在厨房纸上。

6. 取一只小锅，中火加热橄榄油，放入制作酸醋酱汁的食材并搅拌均匀。

7. 在加热的盘子中放上一块鱼肉，浇上酸醋酱汁并在旁边摆上炸虾。

香煎金枪鱼配沙拉

要点解析

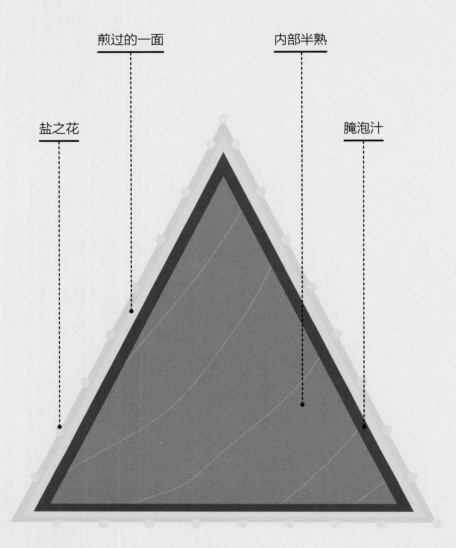

盐之花

煎过的一面

内部半熟

腌泡汁

什么是香煎金枪鱼配沙拉

腌泡过的金枪鱼内部生，外部熟。

料理用时

准备：30分钟
烹饪：5分钟
静置：30分钟

工具

铁板烧台面（或铁锅）

难点

煎金枪鱼：要使得金枪鱼外熟内生。
切金枪鱼：如果金枪鱼切得太大，鱼肉内部不
容易熟。

操作要领

去皮。（280页）
切片。（280页）
烘焙纸做盘子。（285页）

料理完成

当金枪鱼表面金黄并且内部变温时，即制作
完成。

腌泡汁有什么作用

腌泡汁使鱼肉入味。

4人份香煎金枪鱼配沙拉

1. 鱼

600克红金枪鱼鱼背肉，切成3块三角形鱼肉
（每块长7~10厘米）

2. 腌泡汁

100毫升酱油
50毫升花生油或葡萄籽油
50毫升芝麻油
15克芝麻粒
胡椒粉（研磨器转6下）

具体步骤

3. 沙拉

1个球茎茴香
1个柠檬
50克芝麻菜

4. 调料

2汤匙橄榄油
½茶匙盐之花
研磨胡椒粉

1. 取一个大盘子，倒入酱油后放入金枪鱼块充分浸入，加入油、芝麻粒和胡椒粉，搅拌均匀后腌20分钟。

2. 球茎茴香切块；鱼肉取出切片，将切好的茴香浸入冷水中，10分钟后取出。

3. 芝麻菜洗净，捞出备用；柠檬去皮后挤压出汁。

4. 捞出金枪鱼，保留盘中腌泡汁；平底锅中铺上烘焙纸放上金枪鱼大火加热1~2分钟，金枪鱼两面都上色后再煎2~3分钟，其间不停地翻动鱼肉；注意鱼肉内部必须维持半熟，几乎夹生的状态，切成厚度为0.5厘米的12~16片薄片。

5. 将腌泡汁与柠檬汁、柠檬皮混合后加入茴香和芝麻菜。

6. 金枪鱼装盘，另一侧摆上沙拉；撒上盐之花和胡椒粉并用橄榄油勾勒出线条即可。

油封三文鱼

要点解析

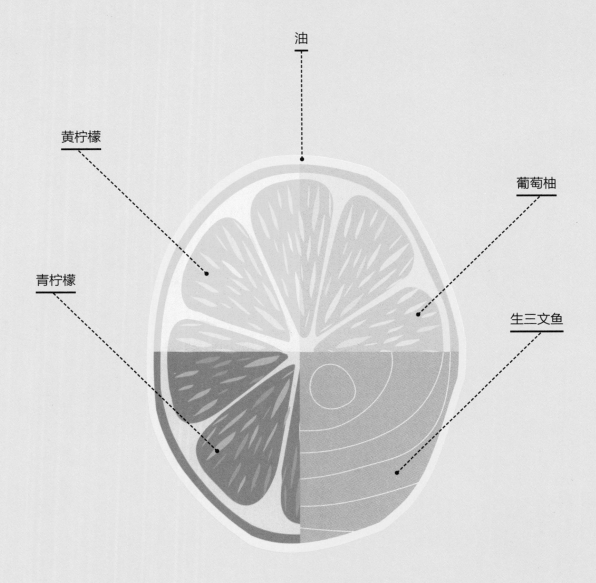

油

黄柠檬

葡萄柚

青柠檬

生三文鱼

什么是油封三文鱼

三文鱼在60℃油温下滑油，配上生蔬菜和柑橘类果肉。

料理用时

准备：25分钟
烹饪：40分钟

工具

可放入烤箱的平底锅或烤盘
柑橘皮削皮刀
蔬菜削条器

创新菜品

油封鳕鱼

操作要领

柑橘类去皮。（280页）
取出柑橘果肉。（280页）
使用削条器。（284页）
去皮。（280页）

储存

三文鱼做好后可常温保存30分钟（因为被油包裹着）。

料理完成

当鱼肉颜色轻微变浅并且肉质柔软时即制作完成。

为什么在油中烹饪

由于油和水不相溶，因此鱼肉中的水分不会流失，鱼肉不易变柴。

为什么要低温烹饪

低温可以限制肉质收缩使鱼肉变硬。

"油封"是什么

油脂浸透食物。

具体步骤

4人份油封三文鱼

鱼

4块去皮三文鱼，每块约重150克
300~500毫升橄榄油

配菜

1个黄柠檬和1个青柠檬
1个葡萄柚
半捆小胡萝卜（约15根）
2个珍珠洋葱

调料

2小撮埃斯普莱特辣椒
½茶匙盐之花

1. 烤箱预热至60℃；柠檬和柚子洗净、擦干并削皮；将鱼肉一块接一块地摆放在锅中，锅内倒油没过鱼肉；捞出鱼肉沥出油后放在厨房纸上；将橄榄油、柑橘皮和少许辣椒倒入油中混合；油锅放入烤箱中，20分钟后取出。
2. 再次将鱼肉放进油锅，放入烤箱。20分钟后取出；将鱼肉放在烤盘上。
3. 取一半青柠檬挤压出汁，加入盐、剩余辣椒混合后倒入50毫升加热过的橄榄油搅拌均匀。
4. 黄柠檬和一半葡萄柚去皮，取出果肉后一分为二。
5. 去除小胡萝卜梗后洗净萝卜；珍珠洋葱葱白与葱叶分离；将小胡萝卜与洋葱用削皮刀擦成厚约1~2毫米的薄片后与第4步的果肉混合，并挤上柠檬汁。
6. 捞出三文鱼块，整块或切成小块放置于盘子一侧，另一侧放上配菜，撒上酸醋酱汁和盐之花。

俄式三文鱼派

要点解析

三文鱼　　　　菠菜　　　　　饼皮

煎嫩蘑菇丁　　　　　　　　　　　　烤色

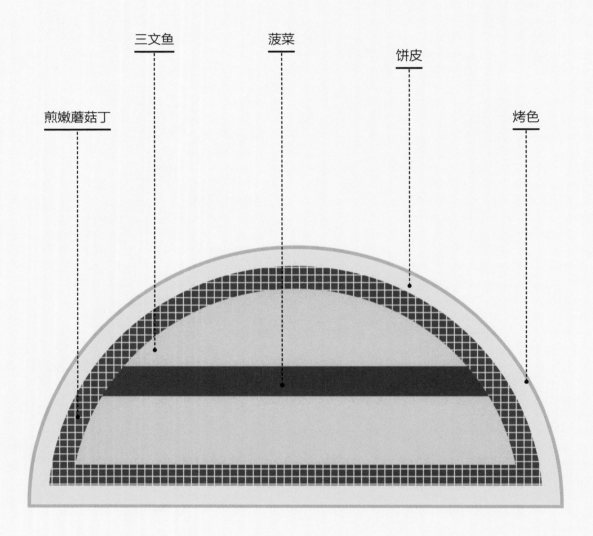

什么是俄式三文鱼派

黄油和成的面饼包上三文鱼，菠菜和蘑菇丁做成的派。

料理用时

准备：50分钟
烹饪：30分钟
静置：1小时5分钟

工具

去骨钳
擀面杖
刷子
菱形滚刀

创新菜品

传统馅料：鸡蛋和大米
组合：在馅料和面饼中间放入可丽饼

难点

面饼塞馅。

窍门

在光滑面板上擀面皮；若没有菱形滚刀，可用菱形图案代替（参照232页的鹅肝酱烤牛肉做法）。

储存

冷藏可保存48小时；食用时在150℃的烤箱中加热10分钟。

搭配食用

黄油白沙司（28页）

2

3

1

4

4人份俄式三文鱼派

1. 饼皮

660克千层酥皮面团（46页）
2个蛋黄
2茶匙水

2. 三文鱼

1块重800克的无皮三文鱼（切成2块30厘米，宽8
厘米的长条）
2茶匙盐
2茶匙糖
胡椒粉（研磨器转8下）

3. 配菜

200克菠菜
1瓣蒜
2汤匙橄榄油
¼茶匙盐
胡椒粉（研磨器转3下）

4. 煎嫩蘑菇丁

300克干蘑菇丁（42页）
少许卡宴辣椒粉
1个柠檬（果皮切碎）
30克小茴香

制作俄式三文鱼派

1. 煎嫩蘑菇丁制作完成后（43页），加入卡宴辣椒粉、柠檬皮、切碎的小茴香、盐、胡椒粉和盐，搅拌均匀后盛入盘子中备用。

2. 菠菜洗净去梗，用叉子插住大蒜，并用刀在大蒜上划口；取一个大号平底锅，倒入橄榄油大火加热，放入菠菜，用插住大蒜的叉子搅拌；当菠菜熟后关火，撒上盐和胡椒粉，仍用叉子搅拌；菠菜变温后用手尽可能地挤出水分。

3. 烤盘铺上烘焙纸备用；三文鱼在水流下洗净后放在厨房用纸上；将面团分成460克的大面团和200克的小面团，并将小面团放入冰箱冷藏备用；大面团放在面板上擀成厚3~4毫米，并足够包住两块三文鱼的面饼；将蘑菇丁摊在面饼上。

4. 取一块三文鱼放在面饼中间，在三文鱼上放上菠菜后，将另一块三文鱼叠放在菠菜上；折叠面饼使其包裹住三文鱼并尽量不留空气。

5. 用刷子蘸取掺水蛋黄液刷在面饼表面。

6. 将面饼放在准备好的烤盘中且底部紧贴烤盘，放入冰箱冷藏。

7. 取出冰箱内的小面团，擀成与菱形滚刀同宽的薄片；用菱形滚刀用力在面皮上滚动，切割出图案。

8. 面饼取出，抹上蛋液后放上薄面皮，再刷一层蛋液；放入烤箱设置到200℃烤制，30分钟取出，静置5分钟后切成合适大小的块状。

鳕鱼块配薯条

要点解析

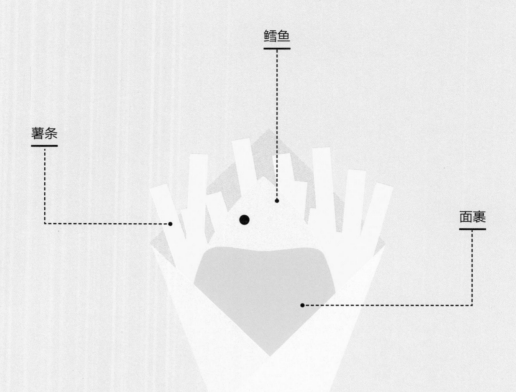

鳕鱼

薯条

面裹

什么是鳕鱼块配薯条

炸面裹鳕鱼和薯条配塔塔酱汁。

料理用时

准备：40分钟
烹饪：10分钟
静置：30分钟

工具

炖锅
食品夹（尽量用长夹子）
温度计

创新菜品

炸牙鳕或青鳕块
炸薯片

难点

炸薯条
炸鱼

操作要领

切碎和切末。（280页）

窍门

可视情况将薯条放入180℃油中，几秒钟后取出。

料理完成

当鳕鱼块和薯条金黄松脆时，即制作完成。

烹饪中啤酒有什么作用

啤酒产生的气体使食物更松脆。

为什么鱼肉要在粗盐中腌制

为了使鱼肉更加入味，肉质更紧实，盐还可以吸收鱼表面部分水分，使其更易裹上面粉。

具体步骤

1

2

3

4

5

4人份鳕鱼块配薯条

1. 鱼

1块重约650克的去皮鳕鱼鱼背肉
500毫升花生油
30克粗盐

2. 面裹

200克面粉
250毫升啤酒
2个蛋白
½茶匙卡宴辣椒粉
1茶匙匈牙利辣椒粉
½茶匙胡椒粉
2茶匙盐

3. 薯条

1千克淀粉含量高的土豆
1.5升花生油
1茶匙盐

4. 塔塔酱汁

蛋黄酱
2个蛋黄
15克肉豆蔻
20毫升醋
300毫升油
1汤匙水
½茶匙盐

5. 塔塔配菜

20克欧芹
5克香叶芹
5克龙蒿
5克细香葱
40克刺山柑花蕾
40克腌制酸黄瓜

179

制作鳕鱼块配薯条

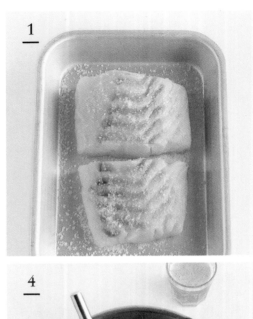

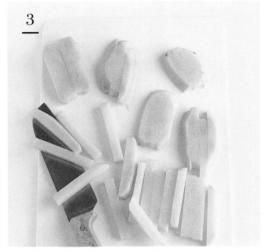

1. 鳕鱼分成两块；取一个盘子撒上粗盐，放入鳕鱼再次撒上剩余粗盐；包上保鲜膜放入冰箱冷藏，30分钟后取出。

2. 欧芹、香叶芹、龙蒿洗净，沥干，择叶并切碎；细香葱洗净切碎；刺山柑花蕾切成小块，酸黄瓜切碎；制作蛋黄酱（27页）；蛋黄酱中加入切好的香辛蔬菜、刺山柑花蕾和酸黄瓜，搅拌均匀后用保鲜膜包住放入冰箱冷藏。

3. 土豆切条（59页），在油中炸制（87页），沥出放在厨房纸上；炖锅中加入500毫升油，加热至180℃。

4. 将面粉、匈牙利辣椒粉、卡宴辣椒粉、胡椒粉和盐放入搅拌盆中搅拌均匀；放入蛋白和啤酒继续搅拌至液体光滑细腻。

5. 在冷水流下冲洗鳕鱼后用厨房纸擦干；将鳕鱼切成长8~10厘米、宽1.5~2厘米的条状。

6. 用食品夹将鱼肉浸入搅拌盆中，充分被包裹后放入油锅中；当鱼完全浸在油中时调低温度；炸5分钟后捞出放在厨房纸上；锅重新调至180℃炸剩下的鱼肉。

7. 热鳕鱼块装盘，配上炸薯条和塔塔酱汁即可。

肉
勃艮第炖牛肉

要点解析

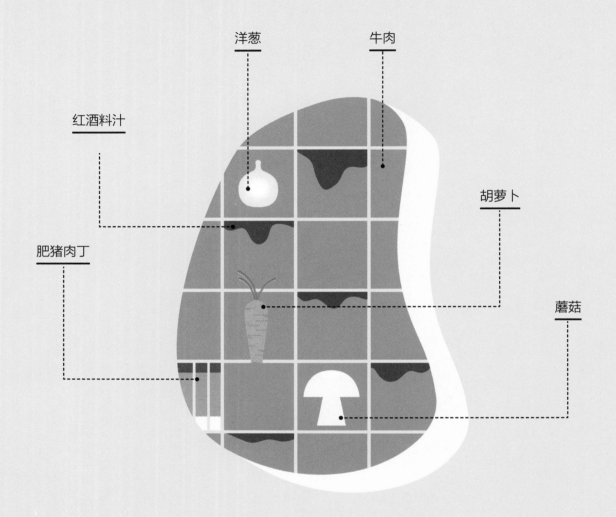

红酒料汁

洋葱　　　牛肉

胡萝卜

肥猪肉丁

蘑菇

什么是勃艮第炖牛肉

褐色的牛肉炖菜：将牛肉块炒至上色后，然后加入以红酒为基底的料汁，慢炖而成。

料理用时

准备：45分钟
烹饪：2.5~3小时

工具

细网漏勺
食物搅拌器

难点

不要将料汁烧干。
保证料汁充足。

操作要领

撇油。（283页）
沥。（282页）
上色。（282页）
刮底。（283页）
收汁。（283页）
过滤。（281页）
勾芡。（282页）
切片。（280页）
切调味蔬菜。（37页）

料理完成

炖至酱汁浓郁顺滑时，即制作完成。

储存

冷藏，将肉汁密封。

注意

优选单宁酸含量高、醇厚的红酒（罗纳河谷山地产区、波尔多产区）。

搭配食用

焦糖洋葱（252页）（加入蘑菇混合）

为什么要加入巧克力

气味更芳香，口感更丝滑。

具体步骤

1

2

3

4人份勃艮第炖牛肉

1. 肉

1千克牛腿肉，切成块状，每块重40~50克
1个洋葱
1根胡萝卜
1根芹菜
1个橙子
20克面粉
40毫升葵花子油或花生油
10克70%的黑巧克力
350毫升水
350毫升香醇红酒
1汤匙（10克）番茄酱汁

2. 香料

1片月桂叶
1枝百里香
½茶匙生姜粉
½茶匙匈牙利辣椒粉
少许肉豆蔻粉

3. 勃艮第配料

150克熏猪胸脯肉，切成肥猪肉丁
200毫升水
150克巴黎蘑菇
2茶匙油
½茶匙盐
胡椒粉（研磨器转3下）

制作勃艮第炖牛肉

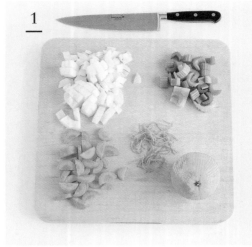

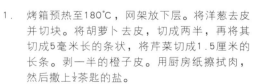

1. 烤箱预热至180℃，网架放下层。将洋葱去皮并切块。将胡萝卜去皮，切成两半，再将其切成5毫米长的条状，将芹菜切成1.5厘米的长条。剥一半的橙子皮。用厨房纸擦拭肉，然后撒上½茶匙的盐。

2. 在炖锅中加入30毫升的油，用大火加热。将牛肉块上色。沥出肉，将油撇去，倒出10毫升的油，然后在炖锅中加入切好的胡萝卜和洋葱，加入½茶匙盐。当洋葱变软后再炒一下，放入烤箱烤5分钟。

3. 另取一个平底锅加入水和红酒，加热至微微滚动，将蔬菜混合好，将火温下调到150℃。将番茄酱汁和调料加入炖锅，搅拌均匀，煮1分钟。再将肉加入锅中，搅拌均匀。

4. 将混合好的酒水倒入炖锅中，至浸没½的肉，加入芹菜和橙子皮，让其滚沸，盖上锅盖，煮2.5~3小时，直到将肉煮软，在煮了1.5小时的时候，如果酱汁不够的话，将再次加热的酒水加入锅中，将调味汁冲淡。每隔45分钟，搅拌并观察酱汁的浓度。

5. 将蘑菇去茎，去皮，根据它的大小每个切成2~4片的薄片，将猪肉丁放入不粘锅中，加入200毫升水，煮至沸腾，让水分几乎蒸发完全，加入1茶匙油，用中火将肉丁炒至上色，不停地翻炒。用漏勺将其沥出。

6. 将蘑菇加入此锅中，加入1茶匙油，需要的话，再加入½茶匙盐和胡椒粉。

7. 捞出牛肉和胡萝卜，将酱汁从置于容器上方的滤勺上过滤，关火，将牛肉、胡萝卜以及蘑菇再加入炖锅中，盖上锅盖，在酱汁中加入巧克力，并使其融化，调味，然后倒入炖锅中。

法式烩牛肉

要点解析

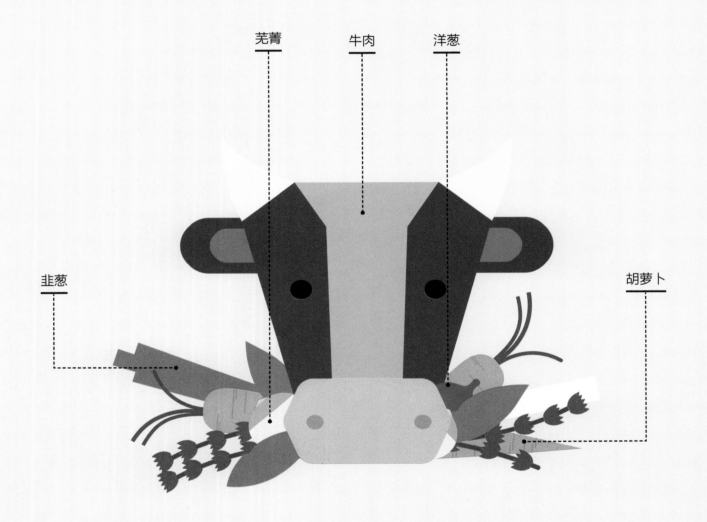

芜菁　　　牛肉　　　洋葱

韭葱　　　　　　　　　　　　　　　　　　　　　　　胡萝卜

什么是法式烩牛肉

将牛肉、蔬菜以及作料投入盛有原汁芳香清汤的锅中，小火炖煮而成。

料理用时

准备：30分钟
烹饪：3~4小时

创新菜品

用传统作料代替奶油：芥菜（味道冲且时间久的）、醋渍小黄瓜、盐之花（粗盐）。

操作要领

撇去浮沫。（283页）
切碎。（280页）
切末。（280页）
压碎。（280页）
制作香料束。（34页）

技巧

在给原汁清汤上色以及增添香味时，加入一个烤洋葱（切成两半，用锡纸包裹，放在平底锅中，用明火烤制而成）。

料理完成

当汤汁澄澈，肉和蔬菜软烂时，即制作完成。

4人份法式烩牛肉

肉

1千克牛肉：牛肩肉、牛腿肉和剔骨牛肋排

清汤

2.5升水
8根小胡萝卜
2个洋葱
6粒丁香
4瓣蒜
1片月桂叶
2枝百里香
3或4片香芹
4粒黑胡椒粒
20克粗盐

具体步骤

8个芜菁
8根小韭葱，或4根韭葱

香草奶油蘸酱

150克白奶酪
10根细香葱
10片香芹
½茶匙盐
胡椒粉（研磨器转6下）

作料

½茶匙盐之花
胡椒粉（研磨器转6下）

1. 取一片韭葱叶片，将月桂叶、香芹片和百里香绑成香料束。将肉放入炖锅中，加水至浸没肉。加热至水沸腾，将火调小，让其继续滚沸。一直撇去浮沫。

2. 将胡萝卜和洋葱去表皮，将丁香嵌入洋葱根部附近。将蒜瓣去皮，除芽，捣碎。将蔬菜加入炖锅中，加入盐、胡椒粉及调味香料，撇去浮沫，不盖锅盖，让其小火沸腾3~4小时，直到将肉煮软。

3. 将芜菁去皮，清洗韭葱，在关火前1小时将其全部加入炖锅中。

4. 将切好的细香葱、剁碎的香芹和白奶酪混合，加入盐和胡椒粉，待其冷却。

5. 将肉切成块，和蔬菜一块摆盘。撒上盐之花、胡椒粉，和香草奶油蘸酱一块食用。

白酱炖小牛肉

要点解析

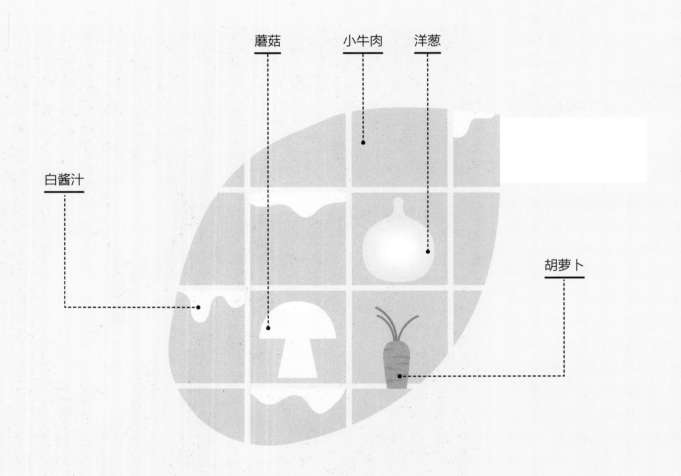

蘑菇　　　小牛肉　　　洋葱

白酱汁

胡萝卜

什么是白酱炖小牛肉

浓味蔬菜炖肉块：将烤黄的小牛肉块放入原汁芳香清汤中煮，然后和一种白色酱汁一起食用。该酱汁是用奶油和蛋黄将黄油面粉糊汤汁增稠调制而成。

料理用时

准备：45分钟
烹饪：1小时55分钟

工具

滤布
食物搅拌器

创新菜品

传统菜谱：小牛肉烫熟后，放入冷水中炖煮（无须上色）。

难点

肉的上色。
勾芡酱汁。

操作要领

切末。（280页）
调制面糊。（18页）
刮底。（283页）
撇去浮沫。（283页）
切片。（280页）
沥。（282页）
过滤。（281页）

制作一个圆盘烘焙纸。（285页）

料理完成

待到酱汁浓郁丝滑时，即制作完成。

储存

冷藏可保存2天。

怎样能在煮沸奶油时保证蛋黄的完整

在将蛋黄混入奶油中时，蛋黄在液体中被稀释了。它的蛋白质更分散，不易凝固。少量多次地加入酱汁，并且慢慢加热蛋奶液，使整体稀释。

具体步骤

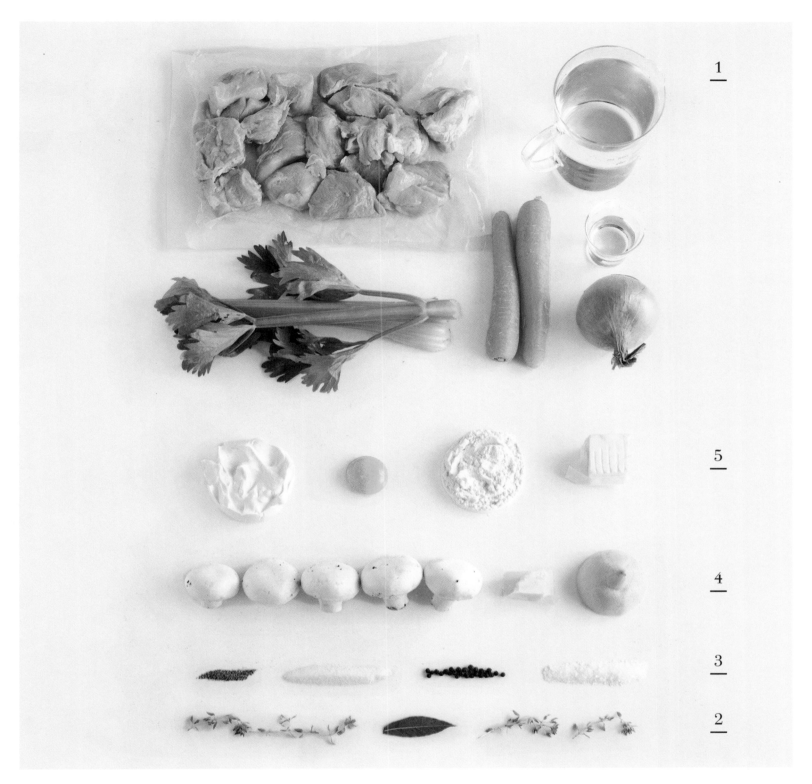

1

5

4

3

2

4人份白酱炖小牛肉

1. 肉

800克牛腱肉，切成重约50克的牛肉块
1个洋葱
2根胡萝卜
1根芹菜
1.25升水
30毫升葵花子油或者花生油

2. 香料

1片月桂叶
2枝百里香

3. 作料

½茶匙胡椒粒
1茶匙盐
1茶匙粗盐
现磨胡椒粉

4. 蘑菇

250克巴黎蘑菇
10克黄油
半个柠檬

5. 勾芡

50克面粉
50克黄油
1个蛋黄
100克冷藏稠奶油

189

制作白酱炖小牛肉

1. 将烤箱预热至150℃，网架放下层，然后将洋葱剥皮，切丁（57页）。将胡萝卜去皮，切成厚1厘米的小圆形薄片。冲洗芹菜并将其切成8~10厘米的长条。再用厨房纸按压肉表面水分并撒上½茶匙盐。

2. 在炖锅中加入油，用明火将肉各个面烘烤成金黄色。将肉捞出沥油，加入洋葱、胡萝卜和½茶匙盐，用中火将其煸炒。

3. 再将肉倒入炖锅中混合均匀，然后倒入水。用明火将其滚沸同时清除汁液。撇去浮沫，加入粗盐、百里香、月桂叶、香芹及黑胡椒粒。盖上锅盖，煮1.5小时。

4. 将蘑菇去茎，去皮，根据其大小切成2~4等份。将蘑菇加入炖锅中，加入原汁清汤至其全部浸没，加入黄油和1茶匙柠檬汁。加热至其沸腾，然后用烘焙纸将其盖住，让其滚沸10分钟（同时盖上一个圆盘烘焙纸）。将蘑菇捞出沥干，将其汁液留置锅中。

5. 将肉和蔬菜捞出沥干。加入芹菜、百里香、月桂叶及胡椒粉。用滤布将汤汁过滤。将肉、蔬菜和蘑菇放入炖锅中，盖上锅盖，保温。

6. 准备黄油面粉糊（18页）。倒入原汁清汤（约500毫升），以及煮蘑菇的汤汁（约400毫升）。边搅拌边加热至沸腾。将酱汁文火煮15分钟。

7. 将蛋黄和稠奶油在小碗中混合，加入一点酱汁，关火，混合好的蛋黄酱慢慢倒入煮着的酱汁中。再次将其加热至沸腾，一边搅拌一边维持煮沸几秒钟。检查酱汁是否滑腻，并品尝其味道。可酌情加入几滴柠檬汁。

8. 将酱汁倒入炖锅中，以微滚状态煮5分钟，然后盖上锅盖，用文火将其煮至稠腻柔滑。

蜜饯羊肉卷

要点解析

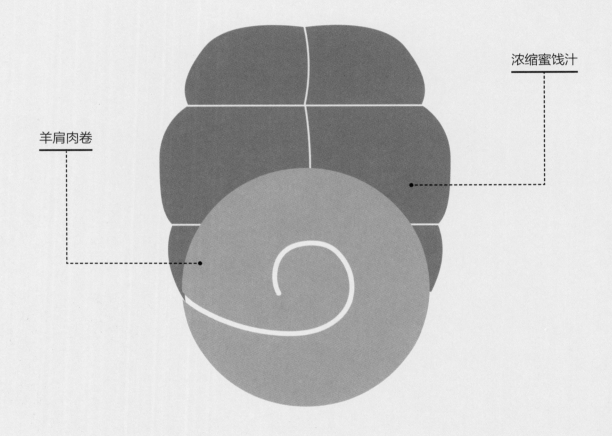

羊肩肉卷

浓缩蜜饯汁

什么是蜜饯羊肉卷

加入蜜饯的羊肩肉卷，用温火烹饪过程中不时往肉上浇淋肉汁，直至肉汁几乎完全收干。

料理用时

准备：25分钟
烹饪：2小时35分钟

工具

捆线

创新菜品

7小时羊后腿：以低温（120℃）加盖烹煮7小时

难点

不要将液汁烧焦。

操作要领

绑/捆。（278页）
切末。（280页）
沥。（282页）

料理完成

当肉皮烤得酥脆、酱汁足够浓缩时，即制作完成。

搭配食用

粗粮

为什么要密封烘烤

为了在烹饪过程中酱汁更具光泽。

具体步骤

1

2

3

4

4人份蜜饯羊肉卷

1. 肉

800~1000克的剔骨羊肩肉（1.6千克带骨）

2. 腌泡汁

½茶匙摩洛哥混合香料
60毫升橄榄油
½茶匙盐

3. 烹饪

50克葡萄干
1个洋葱
1瓣蒜
30克生姜
1汤匙橄榄油
30克蜂蜜
2份藏红花（每份0.1克）
300毫升白色鸡高汤（10页）

4. 收尾

50克去核杏仁
胡椒粉（研磨器转6下）

制作蜜饯羊肉卷

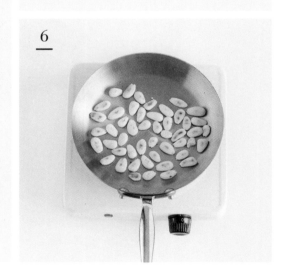

1. 将肉卷紧并用绳子捆扎，撒上摩洛哥混合香料和盐，然后涂上橄榄油。烤箱预热至150℃，将葡萄干倒入温水中。

2. 将姜去皮，擦成丝；洋葱去皮切碎；蒜瓣去皮，除芽，捣碎；将葡萄干沥干水分。

3. 在炖锅中加入油，用小火将羊肩肉的各个面烤黄，将肉拿出。

4. 将洋葱放入炖锅中，用中火将其煸炒几秒钟，加入姜丝、腌泡油以及蜂蜜，将其混合均匀。

5. 再将肉放入炖锅中，加入藏红花、剁碎的蒜瓣和葡萄干。倒入150毫升白色鸡高汤，不盖锅盖烹饪2~2.5小时，同时不停地将肉汁淋在肉上。肉汁会不断地减少，浓缩成精华，如果其蒸发得过快可以加入剩余的白色鸡高汤。

6. 在平底锅中，用小火焙炒杏仁，并将其大致切碎。

7. 解掉绳子，撒上杏仁、胡椒粉，在肉上淋上肉汁。

春蔬炖羊肉

要点解析

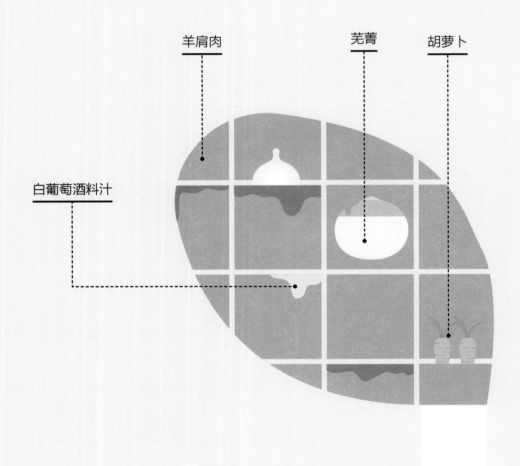

羊肩肉

芜菁

胡萝卜

白葡萄酒料汁

什么是春蔬炖羊肉

褐色的羊肉炖菜：将羊肩肉烤至焦黄，然后和新鲜蔬菜在白葡萄酒料汁中慢炖而成。

料理用时

准备：25分钟
烹饪：1小时30分钟~1小时45分钟

创新菜品

自制菜谱：萝卜配菜（来自于名字萝卜土豆炖羊肉）

难点

料汁：要确保料汁不加入面粉也柔滑，也不会因为沸腾而减少。

操作要领

切末。（280页）
刮底。（283页）
上色。（282页）

窍门

如果蔬菜提前准备好了，用湿润的厨房纸将其盖住并冷藏保存，以免其变干。

料理完成

当羊肉变软，蔬菜柔软多汁，且酱汁不黏稠时，即制作完成。

储存

可冷藏保存3天。食用前加入少许水。加盖文火煮。

为什么要收干白葡萄酒

为了将混合的料汁融合，这会降低料汁的酸味（事实上其酸味并没有改变，只是被甜味掩盖了）。

具体步骤

1

3

2

4

4人份春蔬炖羊肉

1. 肉

1块羊肩肉（约1.3千克），去骨，切成15小块左右
1瓣蒜
1个洋葱
4汤匙橄榄油
1汤匙番茄酱汁
80毫升干白葡萄酒
200毫升水

2. 香料

1片月桂叶
1枝百里香

3. 蔬菜

5根小胡萝卜
5个小芜菁
300克土豆

4. 作料

1½茶匙盐
胡椒粉（研磨器转6下）

制作春蔬炖羊肉

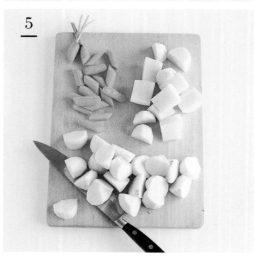

1. 烤箱预热至150℃，网架放下层。将蒜瓣及洋葱去皮，分别切成两半，将蒜瓣去芽，洋葱切碎。用厨房纸按压肉吸干表面水分，然后撒上½茶匙盐。

2. 将油倒入炖锅中，用明火加热，然后将羊肉煎至金黄，将肉沥出。

3. 加入切好的洋葱和½茶匙盐，用小火翻炒，加入番茄酱汁然后翻炒1~2分钟。

4. 加入羊肉，翻炒。倒入酒收干，同时刮起锅底：应该在剩余2~3汤匙的液体的时候加入水、月桂叶和百里香，煮沸。盖上锅盖，炖1小时。

5. 将胡萝卜、芜菁和土豆清洗，去皮。将胡萝卜切成长为3厘米的斜条，根据芜菁的大小，将其切成2~4份，再将土豆切成3厘米的块状。撒上½茶匙盐。

6. 将蒜瓣、月桂叶和百里香从锅中取出，加入蔬菜，搅拌。盖上锅盖，再炖30~45分钟，加入胡椒粉，如果需要的话，再加入盐调味。

漆皮烤鸭

要点解析

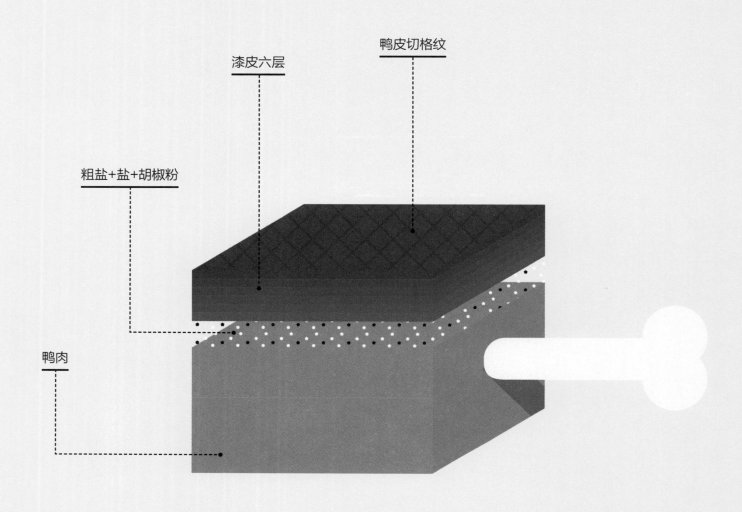

鸭皮切格纹

漆皮六层

粗盐+盐+胡椒粉

鸭肉

什么是漆皮烤鸭

在一般烤鸭制作过程中刷上蜜汁（糖+醋）。

料理用时

准备：35分钟
烹饪：1小时10分钟

工具

刷子
盘子（或者烤盘）

创新菜品

北京烤鸭（8人份）

难点

漆皮的制作。

操作要领

刮底。（283页）

窍门

借助鸭皮上的网状结构来划分格子。盘子不要
太大，不然酱汁易烧焦。

料理完成

当鸭皮嫩黄焦脆且充满光泽时，即制作完成。

鸭皮为何会充满光泽

在高温下，糖会转化成焦糖，产生光泽。

为什么要将鸭皮切格纹

网格的缝隙可以锁住蜜汁，就有时间在烘烤
时转化为焦糖。

具体步骤

$\underline{1}$

$\underline{2}$

$\underline{3}$

4人份漆皮烤鸭

1. 肉

1只1.5~1.8千克的鸭子（去除内脏后的重量——
完整则约2千克）

2. 蜜汁

135克红棕色蔗糖，未提纯
150毫升雪利酒醋
1茶匙盐

3. 作料

20克粗盐
½茶匙盐
胡椒粉

制作漆皮烤鸭

1. 烤箱预热至180℃，将鸭子浸入到盛有沸水的锅中5分钟，关火。
2. 用抹刀将鸭子从水中取出，摇晃将其沥干，用小刀将鸭子的皮划出格纹。

3. 在鸭子的内部涂抹上盐。将粗盐和1茶匙胡椒粉混合，然后将其涂抹在鸭皮上。烤30分钟。
4. 制作蜜汁。将糖、醋、盐放入一个盛有沸水的小平底锅中，然后任其沸腾15分钟左右，直到其变成糖浆状。大约剩下170毫升的液体。

5. 烤箱预热至220℃。取2大匙蜜汁涂抹于鸭子上，然后放入烤箱中烤5分钟，再重复以上步骤4次。然后将烤箱温度调高至270℃，然后涂抹上2大匙蜜汁，最多再烤5分钟，注意观察烤鸭的颜色。
6. 将鸭子从烤盘中取出，去除油以及可能的烤渣。在盘子中倒入约300毫升的热水。然后用抹刀刮底，在小平底锅中收汁，直到理想的浓稠度即可。

鸭胸佐酸橙汁

要点解析

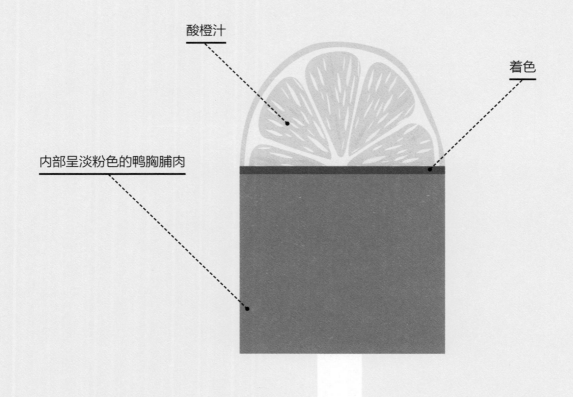

酸橙汁

着色

内部呈淡粉色的鸭胸脯肉

什么是鸭胸佐酸橙汁

先将鸭胸肉在平底锅里嫩煎，然后加入糖醋酱汁以及柑橘汁放入烤箱中烤。

料理用时

准备：20分钟
烹饪：20分钟

工具

可以放进烤箱的平底锅
剥（橙）器
细网小漏勺

难点

酱色的制作：如果颜色太深，焦糖会变得苦涩。

操作要领

去皮。（280页）
研磨胡椒粒。（280页）
收汁。（283页）
融化锅底焦糖浆。（283页）
撇油。（283页）
制作糖醋酱汁。（55页）

窍门

制作焦糖酱色的时候，尽量使用浅色锅底的平底锅（不锈钢材质的），以便于更好地控制成色。

为什么要先烹饪鸭皮

为了使部分脂肪融化，并用来煎香鸭胸肉。

为什么要先煎后烤，分两次烹饪

在平底锅中烹饪是为了使鸭胸肉上色（以及将肉煎出香味），在烤箱中可以烤制其内部。

具体步骤

4人份鸭胸佐酸橙汁

肉

2块鸭胸肉，每块400克
50毫升水

酸橙汁

1个未经处理的橙子
1个未经处理的柠檬
40克糖
2汤匙雪利酒醋

作料

¾茶匙盐
胡椒粉（研磨器转8下）
½茶匙盐之花
10粒黑胡椒

1. 将橙子和柠檬冲洗干净，擦干，切碎，分别压榨。将汁过滤出来，分别提取80毫升橙子汁和40毫升柠檬汁。

2. 在一个小平底锅中煮糖醋酱汁（55页），然后加入橙汁以及柠檬汁来完成酸橙汁，用中火加热8~10分钟让其收汁成一半。加入橙子以及柠檬皮。将烤箱预热至240℃。将黑胡椒粒研碎。

3. 将鸭胸肉去皮，并去掉肉上面的脂肪以及表面的油。鸭皮切格纹。在每块胸脯肉上撒上½茶匙盐，以及胡椒粉（研磨器转1下）。

4. 加热可以放进烤箱的平底锅，鸭皮朝下放入锅中，用中火烹饪2分钟。在胸侧肉上撒上¼茶匙的盐及胡椒粉（每块胸脯肉上撒1下），鸭胸翻面，烹饪6~8分钟，鸭肉中心应呈淡粉色。将其放在厨房纸上。

5. 倒掉平底锅内多余的油，加入50毫升的水融化过低的糖浆，让其浓缩至几乎没有水。将此液体用滤锅过滤，重新倒入锅中。倒入酸橙汁，搅拌，关火。

6. 将胸脯肉切成5毫米厚的条状。装入盘中，将鸭皮朝上摆盘，将橙子及柠檬皮拿出来，放在鸭胸上。淋酱汁，撒上盐之花及胡椒粉。

手撕烤猪肉

要点解析

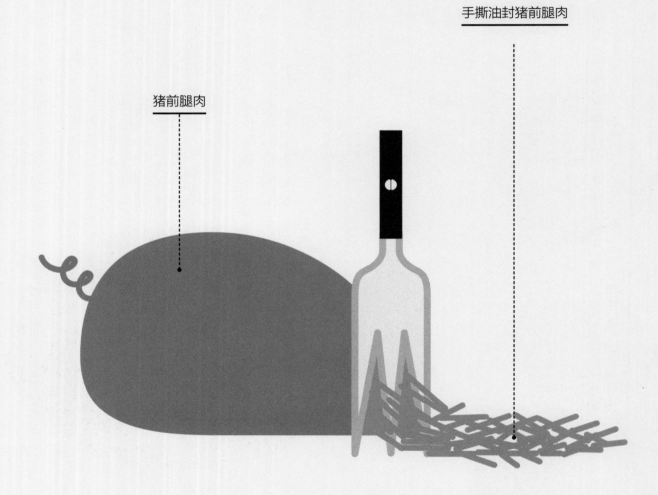

手撕油封猪前腿肉

猪前腿肉

什么是手撕烤猪肉

猪前腿肉，用文火煎烤一段时间。然后放入烤箱中烤，撕成丝，搭配烧烤酱。

料理用时

准备：30分钟
烹饪：2小时10分钟

工具

可以放进烤箱的炖锅

操作要领

沥。（282页）
收汁。（283页）

过滤。（281页）

创新菜品

整块猪前腿肉：涂抹上芥末，撒上盐、胡椒粉、糖及卡宴辣椒粉。在炖锅中烹饪3小时，然后放在烤盘上烤1小时30分钟。

料理完成

当肉的表层很好地上色（但是没有被烤焦）并且烤至松脆时，即制作完成。

储存

冷藏保存。食用前以150℃烤10分钟加热。

搭配食用

烤南瓜（254页）

为什么要用冷水煮

冷水烹饪时间较长，这可以更充分地将肉中的香味煮入汤中，而不会把肉煮老。因为汤汁接下来要混入肉中，以及用来制作酱汁，如此煮出的酱汁和肉非常美味可口。

具体步骤

1

2

4人份手撕烤猪肉

1. 肉

1千克猪前腿肉（带一层2~4毫米的肥肉），切成5
厘米块状
1个小洋葱（50克）
1片月桂叶
绿柠檬（榨汁后取2茶匙）
400毫升水
1个橙子
1茶匙盐
½茶匙胡椒粉

2. 烧烤酱

120克番茄酱汁
20克糖蜜
8克酱汁（伍斯特酱汁）
½~1茶匙辣酱（拉差酱或者塔巴斯科辣酱）
少许烟熏匈牙利辣椒
2克盐
胡椒粉（研磨器转10下）

制作手撕烤猪肉

1. 烤箱预热至150℃。将洋葱去皮，切成两半。橙子洗净榨汁。将肉、盐、胡椒粉、月桂叶、洋葱、绿柠檬汁、橙子皮汁（无籽的）及足够浸没所有肉的水在炖锅中混合。用大火加热，不停地搅拌直至沸腾。
2. 盖上锅盖，烹饪2小时，直到肉变软。中途将肉翻面。

3. 将肉沥出，加入橙子皮、洋葱、月桂叶。用小火收汁，直到其变成糖浆状。取40毫升预留备用，将烤箱预热。
4. 用叉子将肉分成两份，将浓缩煮汁和肉混合。根据个人口味调味。

5. 将肉块平铺在烤架上，下方垫烤盘，放入烤箱下层烤8~10分钟上色，每隔4分钟将肉翻面。
6. 将预留的浓缩煮汁和所有的烧烤酱配料一起搅拌直到其变得光滑。可以直接食用肉块，或者撕成丝状食用。

芥末兔肉

要点解析

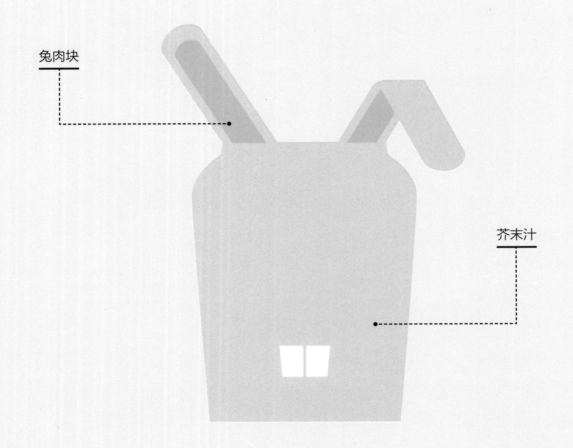

兔肉块

芥末汁

什么是芥末兔肉

褐色的兔肉炖菜：兔肉块煎制上色后，盖上锅盖在芥末汁中烹饪，然后淋上加了鲜奶油的浓缩芥末酱汁而成。

料理用时

准备：25分钟
烹饪：30分钟

工具

漏勺
大平底锅（直边、高沿）

难点

给兔肉上色，不能烤焦。

操作要领

切末。（280页）
切片。（280页）
压碎。（280页）
沥。（282页）
撇油。（283页）
收汁。（283页）
过滤。（281页）
压榨。（281页）
上色。（282页）

搭配食用

土豆泥（60页）

4人份芥末兔肉

肉

1只去除内脏的兔肉，切成6块
将兔背脊肉切成两块，用绳子捆扎
150毫升干白葡萄酒
300毫升水
40克辛辣芥末酱
40克法式芥末籽酱
200克新鲜奶油
30毫升橄榄油

具体步骤

香料

100克红葱头
2瓣蒜
1片月桂叶
1枝百里香

作料

1½茶匙盐
胡椒粉（研磨器转6下）

收尾

3枝香芹

1. 烤箱预热至180℃，将蒜去皮，去芽，捣碎。
   将红葱头去皮，切成薄片。香芹洗净，控
   水，择叶，切碎。将兔肉块上可能的脂肪和
   血块取出，然后撒上1茶匙盐。
2. 在平底锅中加入3汤匙（20毫升）橄榄油，中
   火加热。给兔肉块着色，不要将其煎焦。可
   分次进行，避免一次放入太多兔肉。
3. 将兔肉沥干，在平底锅中加入1汤匙橄榄油，
   煸炒香芹，撒上½茶匙盐。搅拌，炒制变软。
   加入切好的蒜，炒至散发出香味（大约30秒
   钟）。加入两种芥末酱，搅拌均匀。

4. 当芥末开始变得黏稠时，加入白葡萄酒，中
   火加热，直至其几乎收干。
5. 重新放入兔肉块，搅拌，加入水，至浸没¾的
   兔肉。加入百里香和月桂叶，加热至沸腾，
   盖上锅盖，以沸腾状态煮30分钟。兔腿要多
   煮10分钟。
6. 沥出兔肉，放在热烤盘中备用。将料汁用滤锅过
   滤，不要挤压，然后放入平底锅中，将其收汁至
   一半。加入奶油，搅拌并让其沸腾，让其浓缩直
   至黏稠度适中。根据个人口味调味，如果需要，
   可加入少许法式芥末粒酱。
7. 将兔肉块重新放回锅中，淋上酱汁，撒上香芹。

香草黄油烤鸡

要点解析

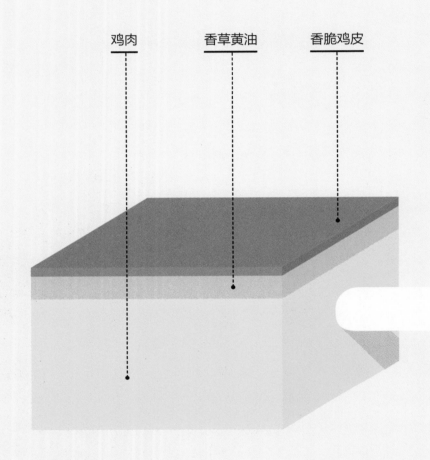

鸡肉　　　　　香草黄油　　　　香脆鸡皮

什么是香草黄油烤鸡

鸡皮下填入香草黄油，和土豆一起放入烤箱烤热，搭配酱汁食用。

料理用时

准备：45分钟
烹饪：40分钟
静置：10分钟

工具

铁砂锅
细网漏勺
直径10毫米的裱花嘴和裱花袋

难点

在鸡皮下填入黄油。

操作要领

切末。（280页）
切碎。（280页）
去除锅内油脂。（283页）
融化锅底焦糖浆。（283页）
刮底。（283页）
收汁。（283页）
过滤。（281页）

料理完成

当鸡皮呈金黄色并且鸡肉流出的汁液呈透明颜色时，即制作完成。

技巧

用手塞黄油较均匀。但若技术不娴熟，建议使用裱花嘴和裱花袋，以免手的温度导致奶油融化。
用梨汁来淋鸡肉。

为什么要从鸡腿开始烹饪

为了保护鸡胸肉，因为其烘烤所需温度要比鸡腿肉低。

具体步骤

1

2

3

4人份香草黄油烤鸡

1. 鸡肉

1只1.5千克的鸡，去内脏，切去颈部
85克黄油
2茶匙盐
研磨胡椒粉（研磨器转8下）

2. 土豆

500克果肉紧致的土豆
150毫升白色鸡高汤（10页）
1个蒜头

3. 香草黄油

200克软化黄油
1个红葱头
20克欧芹
20克香叶芹
1枝龙蒿
5克细香葱
1茶匙盐
胡椒粉（研磨器转3下）

制作香草黄油烤鸡

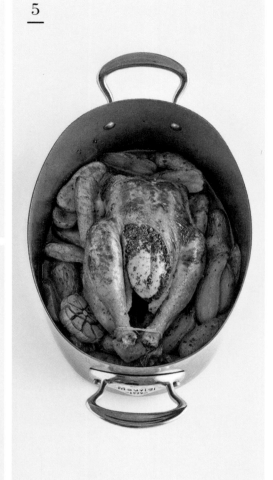

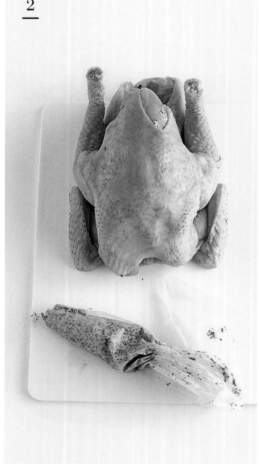

1. 烤箱预热至220℃。准备香草黄油：将红葱头去皮，切碎。将欧芹、香叶芹、龙蒿冲洗，控水，去叶，剁碎。将细香葱冲洗，控水，切碎。将这些香草和软化黄油混合。然后加入切碎的红葱头，撒上盐和胡椒粉。

2. 用两只手指一前一后地揭起鸡皮。借用装有裱花嘴的裱花袋将香草黄油混合物塞入鸡皮下，将其聚集以便将黄油分摊到最上部以及腿上。将鸡皮重新盖好，以免鸡肉在烹饪过程变干。将鸡肉内部，外部依次加入1茶匙盐和胡椒粉（研磨器转4下）。

3. 将土豆清洗，切成两半，将蒜头切成两半。

4. 在铁砂锅上涂抹上15克的黄油，将一只鸡腿朝下放在其上，周围放入切好的土豆和蒜头。将切成块的黄油土豆撒在上边，烹饪5分钟。

5. 将煮好的黄油淋在鸡上，将鸡翻转过来烤15分钟。再浇一次黄油。当土豆变成金黄色时，撒上盐，将其翻转。将鸡背部朝下再烹饪10分钟。将鸡稍微抬起，调一下汤汁味道，使内部的汁流出：肉汁透明代表内部已熟。将鸡放置在烤架上静置10分钟。

6. 借用漏勺将土豆捞出。除去炖锅内的油。用白色鸡高汤融化锅底焦糖。任其沸腾，勾芡酱汁让其收汁至理想浓度即可。将其用滤锅过滤，然后调味。

7. 将烤鸡装盘，放入土豆、油封大蒜及酱汁。

法式炖鸡

要点解析

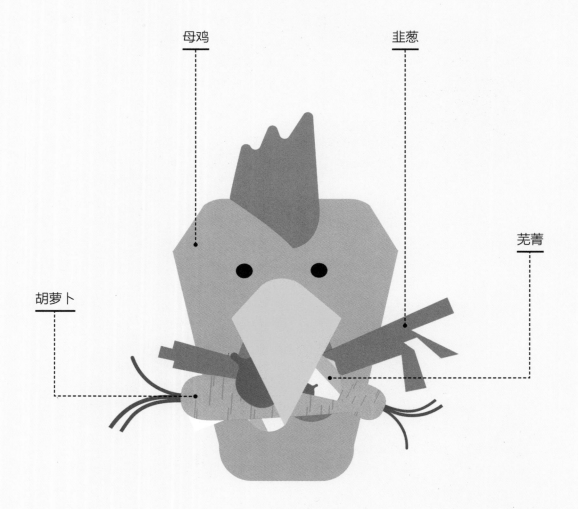

母鸡　　韭葱　　芜菁　　胡萝卜

什么是法式炖鸡

将鸡肉放入香料高汤中，用文火和烹调蔬菜一起煮。

料理用时

准备：20分钟
烹饪：3小时

工具

大炖锅

创新菜品

蔬菜牛肉汤

操作要领

制作香料束。（34页）
转圈削蔬菜。（38页）
撇去浮沫。（283页）

撇去肉汤中的油脂

静置5分钟后，除去表面的油脂。将其在冰箱中冷藏一晚后，除去表面凝固的脂肪。

储存

冷藏可保存48小时（肉和蔬菜要浸没在肉汤中）。再加热时要煮至沸腾，然后以微沸继续煮15分钟。

4人份法式炖鸡

肉

一只鸡，重2.5千克（除去内脏重1.9千克）

蔬菜

8根胡萝卜（1千克）
6个芜菁（300克）
2个洋葱（230克）
1捆珍珠洋葱（300克）
6根韭葱（500克）

具体步骤

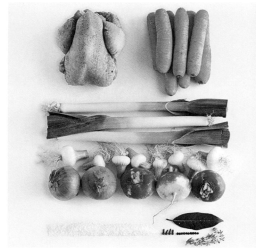

香料

4粒丁香
1片月桂叶
1枝百里香

作料

30克粗盐
10粒黑胡椒粒

1. 将洋葱去皮，在其中嵌入丁香。将第一层葱皮去掉，将葱白和葱绿分开。留下葱白和一片葱绿。制作香料束：葱绿、月桂叶、百里香和黑胡椒粒。将其放入鸡的内部。

2. 将胡萝卜和芜菁去皮，清洗。将胡萝卜和芜菁切成4块，胡萝卜切成6厘米的长条。将珍珠洋葱第一层皮去掉，切去其根并将其清洗。

3. 将鸡肉和洋葱放入一个大锅中，倒入大约4升水至浸没大部分鸡肉，加热至其沸腾，加入盐，让其滚沸3个小时，不时撇去浮沫。将鸡的最上部用烘焙纸盖上。

4. 在烹饪结束前1小时，加入所有的蔬菜。将鸡肉捞出，把水沥出，并将其切好。将蔬菜倒入一个盛有原汁清汤的容器中。

5. 取深盘，放入鸡肉块和炖煮蔬菜，蔬菜有芜菁、胡萝卜、韭葱和珍珠洋葱。

板栗馅烤小母鸡

要点解析

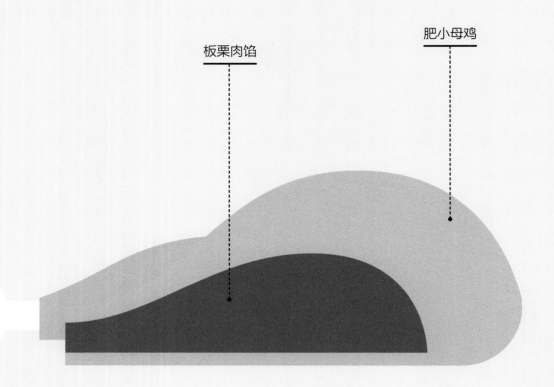

板栗肉馅

肥小母鸡

什么是板栗馅烤小母鸡

塞入板栗鸡肉馅的小母鸡，先煎至金黄，然后放入可放入烤箱中的炖锅中焖制而成。

料理用时

准备：55分钟
烹饪：1小时20分钟

工具

大炖锅或者可以放入烤箱中的平底锅
带刀片的料理机
针和捆绑线

创新菜品
板栗馅烤火鸡

难点
板栗馅的制作。

操作要领
绑／捆。（278页）
去除锅内油脂。（283页）
融化锅底焦糖浆。（283页）
刮底。（283页）
上色。（282页）
浇淋。（283页）
过滤。（281页）
刮边。（281页）

鸡肉和馅之间在烹饪时是怎样相互作用的

鸡的胸腔可以避免馅烹饪过度或者变干，而馅的香气则可为烤鸡增添香气。

具体步骤

4人份板栗馅烤小母鸡

肉

1只小母鸡，重1.5千克（净重）
30毫升橄榄油
50克黄油
2茶匙盐
胡椒粉（研磨器转6下）

板栗鸡肉馅

200克去皮鸡胸肉
75克黄油
75毫升液态奶油
1个蛋清
胡椒粉（研磨器转3下）
少许卡宴辣椒粉

配菜

150克煎嫩蘑菇丁（42页）
220克熟板栗

板栗酱

680克熟板栗
750毫升白色鸡高汤（10页）
2瓣蒜
50克黄油

制作板栗馅烤小母鸡

1. 制作板栗鸡肉馅，将料理机槽和奶油放入冰箱。有必要的话，去除鸡胸脯上的油脂和筋。将里脊肉切成长条，再切成2厘米的方块。将黄油也切成2厘米的方块。

2. 将鸡肉、蛋清、盐、胡椒粉以及辣椒粉加入料理机里混合，然后逐步交替地加入黄油和奶油，开料理机搅拌3分钟，直至混合物变得顺滑。然后将其倒入到一个容器中。将其内壁刮干净，将肉馅抹平，盖上保鲜膜，冷藏备用。

3. 制作板栗酱：将大蒜剥皮，去芽。将白色鸡高汤煮至沸腾，加入栗子、蒜瓣和20克黄油，沸腾后以微微沸腾状态继续煮20分钟。当栗子成黏稠状态时，关火，盖上锅盖。

4. 将配菜用的栗子粗略切碎，然后将其和煎嫩蘑菇丁、板栗鸡肉馅混合，冷藏备用。

5. 在小母鸡皮上撒上1茶匙盐，并按摩鸡皮。在其内部用1茶匙盐和胡椒粉调味。用力按压小母鸡，用汤匙（或者有裱花嘴的裱花袋）从开口处塞入肉馅。

6. 捆扎小母鸡。将线切断，然后将其两端系上双结。

7. 烤箱预热至200℃。在炖锅中将橄榄油加热，然后给小母鸡上色。或者用平底锅将整只鸡煸炒，按序从鸡腿、鸡胸到脊背。

8. 将鸡腹部朝上，加入黄油，待其起泡沫，用黄油浇淋全鸡。盖上锅盖烹饪1小时15分钟~1小时20分钟，在烹饪到一半的时候，将脊背翻转朝上并浇淋油脂和鸡汁。

9. 将板栗从酱泥中取出沥干，并保留沥出的高汤。加入2~3汤匙的高汤混合，直至得到柔滑的栗子酱。加入30克剩余的黄油，再次搅打均匀。加盖备用。

10. 清除炖锅或者平底锅里的油（保留油脂），倒入剩余的煮栗子高汤。煮至沸腾，同时刮底。将水分收干至一半。用漏勺过滤，加入2汤匙油脂混合，根据个人口味调味，搭配鸡汁和板栗酱一块食用小母鸡。

鸡肉卷

要点解析

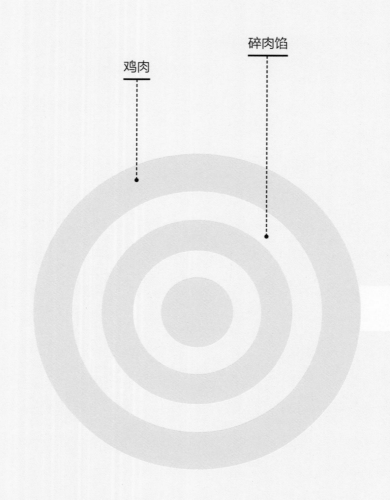

鸡肉

碎肉馅

什么是鸡肉卷

去骨鸡腿，填充，卷入细碎鸡肉。然后投入加入了羊肝菌酱汁的沸水中煮制而成。

料理用时

准备：55分钟
烹饪：1小时

工具

料理机
细绳
不粘锅

创新菜品

碎牛肉馅（有坚果，没有坚果的）
碎鱼肉馅（牙鳕、绿青鳕、白斑狗鱼等）
碎甲壳类馅（海螯虾、螯虾、虾、龙虾、大龙虾）

操作要领

切末。（280页）
刮边。（281页）
融化锅底焦糖浆。（283页）
刮底。（283页）
沸水煮。（84页）
去除锅内油脂。（283页）

料理完成

当鸡肉卷外酥里嫩时，即制作完成。

技巧

买去过骨头的鸡腿。

干羊肝菌的处理

将4克干羊肝菌放入热水中浸泡30分钟。然后取出沥干水分，加入3汤匙挤压出的浸泡汁并加入红葱头。

鸡肉卷的优点

要保证将鸡腿肉烹饪熟的同时不会将鸡胸脯肉煮老（因为鸡腿肉蛋白质凝固所需温度要高于鸡胸脯肉）。

具体步骤

1

2

3

4人份鸡肉卷

1. 肉

4个鸡腿（800克）
4汤匙橄榄油
1茶匙盐
胡椒粉（研磨器转8下）

2. 碎鸡肉馅

300克鸡胸脯肉，去皮
110克黄油
110毫升全液奶油
1个蛋白
少许卡宴辣椒粉
¾茶匙盐
胡椒粉（研磨器转4下）

3. 羊肝菌奶油酱汁

300克干羊肝菌
2个红葱头
30克黄油
200毫升全脂奶油
40毫升白酒

制作鸡肉片肉卷

1. 制作碎肉馅：将料理机槽以及奶油放入冰箱中，至少冷藏10分钟。有必要的话，去除鸡胸脯上不合适的部分，并将其经络切除。将里脊肉切成长条，再切成2厘米的方块。将黄油也切成2厘米的方块。将鸡肉、蛋白、盐、胡椒粉及辣椒粉放入搅拌机中。慢慢交替加入黄油和奶油，直到混合物变得丝滑柔顺（3~4分钟）。将其倒入搅拌盒中，并将内壁刮干净，将肉馅抹平。盖上保鲜膜，冷藏备用。

2. 将鸡腿肉去骨：在两个骨头的骨节处戳孔（胫骨和股骨）。沿着股骨刮，将肉剥离，再将骨头抬起，取出剩余的肉。继续刮直至股骨球，然后绕过，切断神经和肌肉，将骨头抽出。将颈骨做同样的处理。

3. 将鸡腿放在一个大盘子上，将其切开，皮朝下。调味。将肉馅均匀摊开涂在整个鸡腿上，将肉馅周围的鸡肉压平，然后卷成一个圆柱体。把每个鸡肉片都卷成几层的肉卷并将其裹好。将其两端用绳子捆好。

4. 将系好的鸡肉卷放入滚水中煮40分钟。

5. 将干羊肝菌切成长条，用刷子在水流下刷洗蘑菇，将它们轻轻地挤压在一起，然后用厨房纸擦去其表面水分。将红葱头剥皮，切碎，然后放入有黄油的平底锅中，中火煸炒，加入干羊肝菌、盐，然后盖上锅盖煮20分钟。

6. 将鸡肉卷取出，放入盛有橄榄油的平底锅中煎至焦黄。然后将其取出，控油，用白酒去除锅底焦糖。

7. 刮底，倒入奶油混合均匀。倒入羊肝菌，煮沸后收汁至略浓稠的状态。

8. 修剪片肉卷的两端，然后将其切成厚条。将鸡肉卷装盘，其旁边放上羊肝菌奶油酱汁。

红酒酱汁鹿肉

要点解析

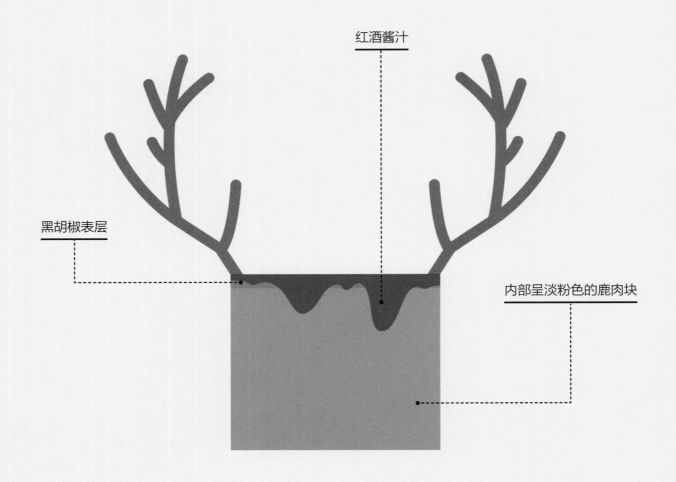

红酒酱汁

黑胡椒表层

内部呈淡粉色的鹿肉块

什么是红酒酱汁鹿肉

将鹿肉块和红酒酱汁一起在平底锅上煎制，然后除去肉上的杂质，加入血液制作勾芡而成。

料理用时

准备：35分钟
烹饪：1小时50分钟

工具

大平底锅（大口，高沿）
细网漏勺

创新菜品

宫廷肉冻：加入冻肉冻和浓缩的血液的红酒酱汁

难点

血液勾芡。

操作要领

研磨胡椒粒。（280页）
去除锅内油脂。（283页）
切末。（280页）
切成蔬菜小丁。（36页）
收汁。（283页）
融化锅底焦糖浆。（283页）
刮底。（283页）
黄油增稠。（282页）

过滤。（281页）
撇去浮沫。（283页）
火烧。（282页）
浇淋。（283页）
黄油起泡。（283页）

储存

不要将酱汁勾芡，冷藏（最多24小时），用的时候再勾芡。

为什么血液的勾芡要在常温下进行

超过75℃蛋白质就会凝固，变成粒状结构。

4人份红酒酱汁鹿肉

肉

4块鹿肉块，每块重150克，带皮
20毫升橄榄油
20克黄油
3粒杜松子
1茶匙盐之花
现磨胡椒粉

红酒酱汁

35毫升猎物血液（可用猪血代替）
70克胡萝卜
70克红葱头
35克巴黎蘑菇
700毫升水
500毫升红酒
15毫升葡萄酒醋
20毫升白兰地
10克黄油

35毫升橄榄油
1枝百里香
1小片月桂叶
10毫升陈酒醋
35毫升水

制作红酒酱汁鹿肉

1. 制作酱汁：将胡萝卜削皮，洗净；切去蘑菇的茎部，将其顶部去皮；将红葱头剥皮，切碎。将其他蔬菜切成小丁。

2. 将带皮鹿肉放在盛有35毫升热橄榄油的平底锅中大火煎至上色，刚转为小火继续煎2~3分钟。

3. 控油，用融化的黄油煸炒蔬菜丁和胡椒粉2~3分钟，然后加入白兰地烧制。加入百里香和月桂叶。让其完全浓缩。用酒醋去除锅底焦糖，浓缩干后，用抹刀刮底收汁。

4. 加入红酒，以中火收干一半水分，并不停地撇去浮沫。倒入水，让其小滚1.5小时并且不停地撇去浮沫。最后，酱汁应该浓缩到⅓。但如果尚未收干可先煮沸，再转中火收汁。

5. 用细网漏勺过滤。

6. 在鹿肉块上撒上胡椒粉。

7. 在平底锅里用小火加热20毫升的橄榄油，用中火迅速煎制鹿肉块，每面2分钟。加入15克黄油，让其每面上色3分钟，同时不断地将起泡的黄油浇淋在肉上。将鹿肉块放在网架上沥油，将其用锡纸覆盖，保温。

8. 倒掉烹饪后的油。用醋和35毫升水去除锅底焦糖。倒入200毫升的酱汁，转小火继续煮5~10分钟，同时撇去浮沫。调味，加入10克黄油，使得酱汁浓稠顺滑。将杜松子磨碎。撒上盐之花以及杜松子碎末，用漏网过滤。

9. 酱汁重新倒回锅中，煮至沸腾后离火。加入血液，慢慢搅拌，调味。

10. 将每块鹿肉分别装盘，淋上酱汁。

小牛肝佐葡萄干酱汁

要点解析

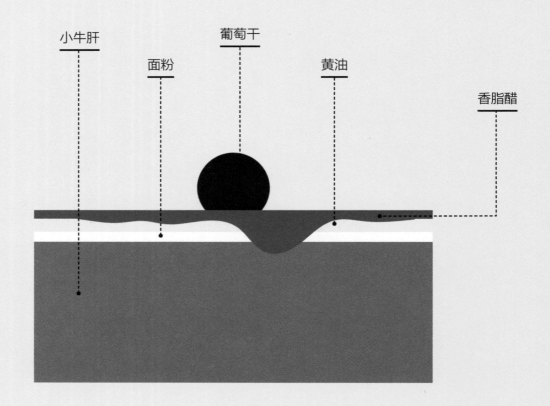

小牛肝　　面粉　　葡萄干　　黄油　　香脂醋

什么是小牛肝佐葡萄干酱汁

将牛肝用黄油煎炒，然后和葡萄干加香脂醋酱汁一起食用。

料理用时

准备：15分钟
烹饪：5分钟

工具

网架

创新菜品

英式牛肝（煎牛肝+培根+浅褐色黄油）

难点

肝的制作：小牛肝内部应煎至呈现淡粉色。

操作要领

切末。（280页）
去除锅内油脂。（283页）
刮底。（283页）
收汁。（283页）
黄油增稠。（282页）

搭配食用

土豆泥（60页）

为什么将牛肝裹上面粉

面粉中的淀粉可以吸收肝的水分，并且有助于肝的上色（美拉德反应，282页）。

具体步骤

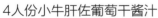

4人份小牛肝佐葡萄干酱汁

牛肝

2块牛肝，每块重300克
2个红葱头
60毫升香脂醋
60克黄油
60克葡萄干及100毫升水
20克面粉

作料

1茶匙盐
½茶匙盐之花
胡椒粉（研磨器转4下）

1. 将水煮沸，倒入葡萄干，将红葱头剥皮，切末。
2. 将每块牛肝切成两片，用厨房纸将其擦干，撒上盐和面粉。将多余面粉轻轻拍掉。
3. 用一个大平底锅将30克的黄油熬至金黄色。加入牛肝，用中火煎3分钟上色，然后将其翻转过来，加入10克黄油，继续煎2~3分钟，同时不停地将起泡的黄油淋在牛肝上。在网架上将其沥干，撒上胡椒粉和盐之花。

4. 在同一个平底锅中煸炒红葱头1分钟。用香脂醋去除锅底焦糖并刮底，加入葡萄干及其浸泡水，收至略稠。然后在酱汁中加入20克的块状冷冻黄油。
5. 将牛肝重新放入锅中，淋上酱汁。

231

鹅肝酱烤牛肉

要点解析

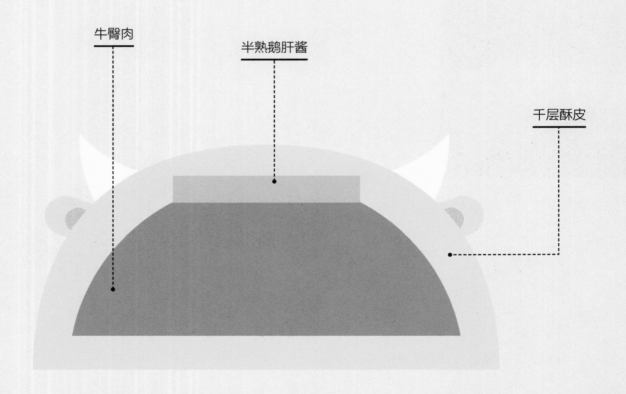

牛臀肉　　　　半熟鹅肝酱　　　　千层酥皮

什么是鹅肝酱烤牛肉

千层酥皮裹在烤牛肉外，其内裹有鹅肝酱。

料理用时

准备：35分钟
烹饪：25分钟
静置：15分钟

工具

擀面棍
刷子
比萨刀或者细长刀片的刀

创新菜品

千层酥皮
新西兰牛肉：酥皮烤牛肉，塞有煎嫩蘑菇丁

难点

千层酥皮的制作。

操作要领

上色。（282页）
去除锅内油脂。（283页）
刮底。（283页）
融化锅底焦糖浆。（283页）
过滤。（281页）

酥皮有什么作用

可以保护牛肉不被烤焦，也可以维持其内部温度在55℃，避免温度不稳定。

具体步骤

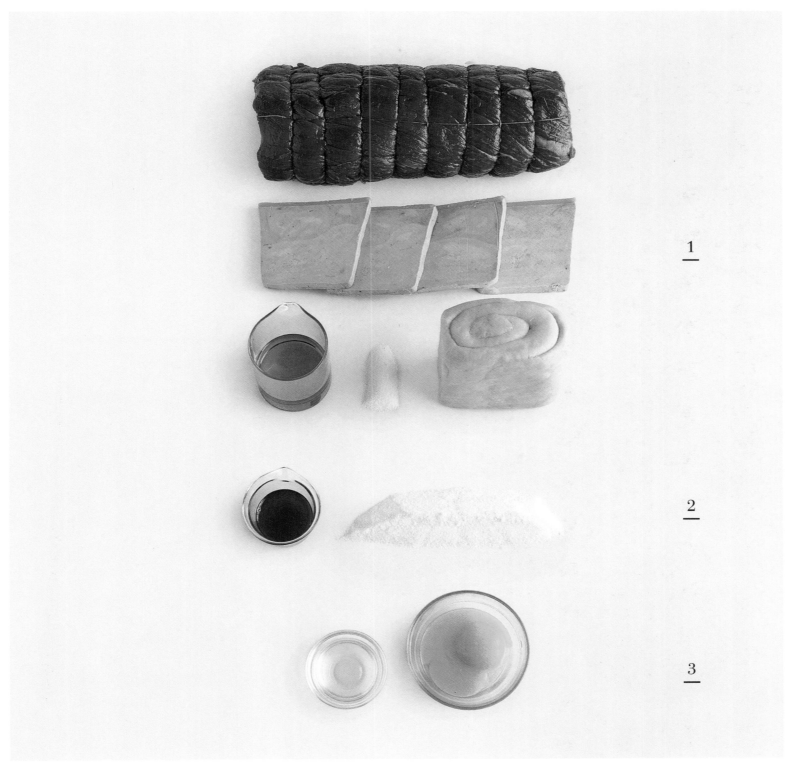

1

2

3

4人份鹅肝酱烤牛肉

1. 肉

660克千层酥皮（46页）
1.5千克用绳子捆扎的牛臀肉
225~300克半熟鹅肝酱（3~4块重75克，长度可以
覆盖整个牛臀肉）
40毫升橄榄油
1茶匙盐

2. 糖醋酱汁（55页）

60克糖霜
3汤匙（20毫升）雪利酒醋

3. 蛋黄酱

2个蛋黄
2茶匙水

制作鹅肝酱烤牛肉

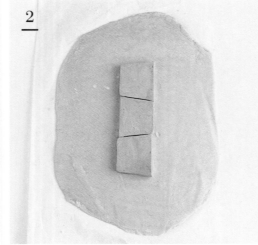

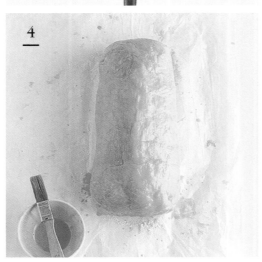

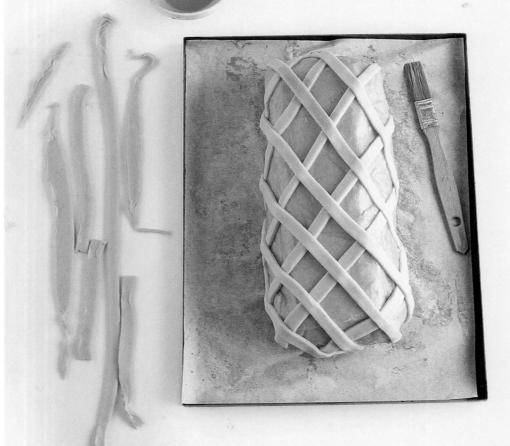

1. 用厨房纸轻按牛臀肉，腌制。在平底锅中用明火加热油，将牛臀肉每一面都煎至上色。将其放在网架上冷却。保留锅中的汁液来制作酱汁。

2. 烤箱预热至240℃，烤架放在下层。烤盘铺上烘焙纸，将千层酥皮切成一个500克的大面团和一个160克的小面团。用擀面棍将大面团擀成3~4毫米厚的面皮，要足够大，可以装下整块牛臀肉。将鹅肝酱放在面皮的中央。

3. 将牛臀肉放在鹅肝酱上（不用绳子捆绑）。

4. 将烤牛肉卷起来（不要留空隙），蛋黄打散加水，用刷子涂在面皮上。将涂过蛋黄的面皮放在盘子上，接口处朝下，然后放入冰箱冷藏备用。

5. 将小面团擀成3~4毫米厚、和烤牛肉一样长的面皮，然后将其切成1~1.5厘米宽的长条。

6. 将裹了面皮的牛肉从冰箱中拿出来，再刷上一层蛋液，将切好的千层酥面皮条以相互交叉成格子状放在面皮上。

7. 将裹好面皮条的裹皮牛肉放入烤箱中，以220℃烘烤25分钟。取出后静置15分钟后可食用。

8. 制作酱汁：在一个小平底锅中倒入糖，将其做成干焦糖。倒入醋，注意小心其喷溅出来。糖会结晶，开中火，直至所有糖都融化。离火。

9. 倒掉煎牛肉的平底锅中的油脂，然后用明火加热50毫升水，去除锅底焦糖，刮底。用小细网滤锅将汁液过滤，然后将其倒进盛有糖醋酱汁的锅中，再加热，搅拌。将烤好的酥皮牛肉切成厚片，淋上酱汁。

古斯古斯

要点解析

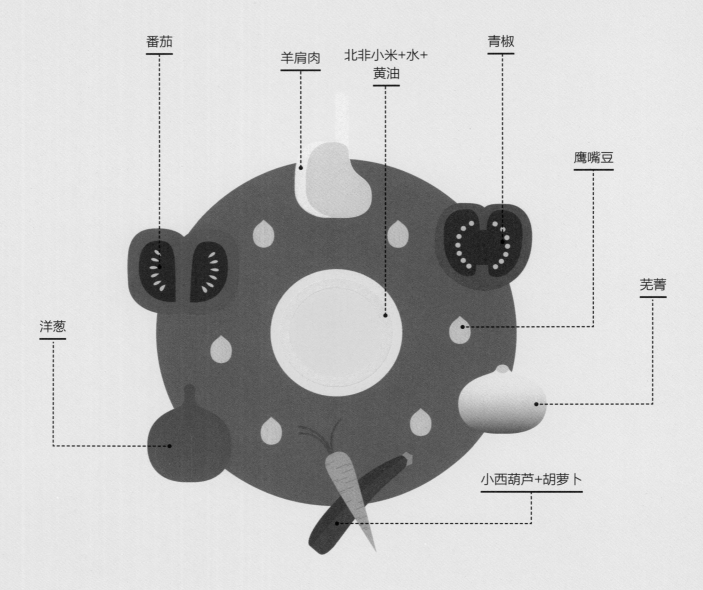

番茄

羊肩肉

北非小米+水+
黄油

青椒

鹰嘴豆

洋葱

芜菁

小西葫芦+胡萝卜

什么是古斯古斯

水煮北非小米，搭配香辛料高汤炖羊肉与蔬菜。

料理用时

准备：40分钟
烹饪：1小时25分钟
静置：5分钟

工具

古斯古斯平底锅（或炖锅+蒸笼）

难点

不要将酱汁烤焦。
蔬菜的烹饪。
杂粮的制作。（烹饪+脱籽）

操作要领

切片。（280页）
上色。（282页）
去除锅内油脂。（283页）
沥。（282页）

料理完成

当西葫芦和羊肉变软的时候。

储存

冷藏。在重新加热之前，要除去表面的油脂。

干鹰嘴豆的处理

将125克干鹰嘴豆放在加入了½茶匙小苏打的水中浸泡12小时，然后将其沥干，冲洗。接着放入一个小平底锅中，煮沸，然后用文火加盖煮1小时。在结束前5分钟加入1茶匙盐。

具体步骤

1

2

3

4人份古斯古斯

1. 肉和高汤

1块大约重1.3千克的羊肩肉（去骨，切成约7块）
1个红洋葱
4汤匙橄榄油
1茶匙盐
1茶匙北非浓味辣椒酱
½茶匙番茄酱
500毫升水

2. 蔬菜

2根胡萝卜
3~6个芜菁
1个青椒
2个番茄
1个小西葫芦
250克鹰嘴豆罐头

3. 北非小米

450克北非小米
450水
1½茶匙粗盐
60克黄油

制作古斯古斯

1. 将洋葱剥皮，切成片，用厨房纸吸去肉上的水分，然后用½茶匙盐将其腌制。
2. 用橄榄油在古斯古斯锅中大火煎制羊肉块，使其上色。处理几次后，将羊肉沥出。
3. 用中火煸炒洋葱片，然后加入盐、北非浓味辣椒酱和番茄酱，翻炒1~2分钟。
4. 重新将羊肉放入锅中，煮至沸腾。将火调小，盖上锅盖，让汤汁滚沸1小时。

5. 将胡萝卜削皮，纵向切成两半，再横向略微倾斜地切成3块。将芜菁削皮，切成4块。切去青椒的两端，去籽，然后将其切成圆圈，不要太细，再将每片圆圈切成两半，冲洗番茄，去蒂，将每个番茄切成4等份，去籽。冲洗小西葫芦，切去两端后，然后将其横向切2或3等份（根据其大小），再横切3下。
6. 将胡萝卜、芜菁、青椒、鹰嘴豆放入锅中，开盖滚沸15分钟再加入小西葫芦和番茄，煮10分钟。不时撇去浮沫。

7. 北非小米放入大深盘，倒入粗盐调味的滚水后，立即用汤匙混合均匀。铺平表面后静置5分钟使其膨胀。加入黄油块，用双手搓匀，使小米吸收黄油且粒粒分明。
8. 将北非小米倒进古斯古斯锅的上层（蒸笼）以待食用。

汉堡

要点解析

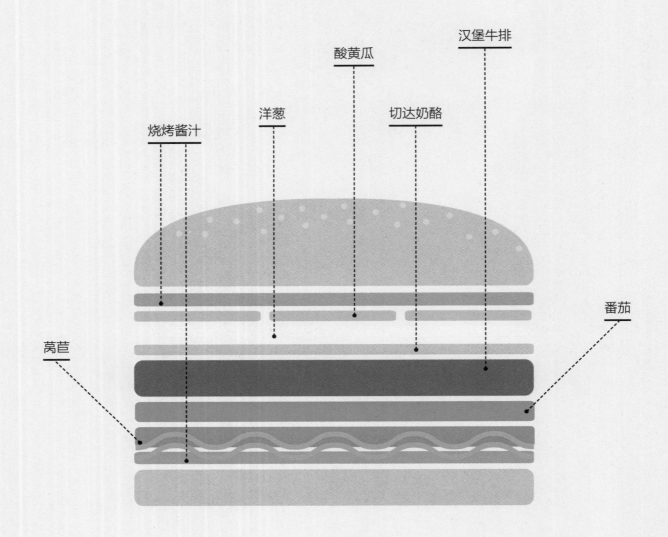

烧烤酱汁

洋葱

酸黄瓜

切达奶酪

汉堡牛排

番茄

莴苣

什么是汉堡

松软面包夹入碎牛肉（牛肋排+牛腩）、奶酪、青脆蔬菜以及略带甜味的酱汁制成的热三明治。

料理用时

准备：35分钟
烹饪：13分钟

工具

大平底锅或者铁制烤架
细抹刀

难点

牛肉制作：外酥里嫩，不要将外皮烤坏。

操作要领

过滤。（281页）
压榨。（281页）
沥。（282页）

技巧

如果肉店没有将牛肋排剁碎，可自行将其切成2厘米见方的小块，在家用剁肉刀或者配有刀片的料理机将其剁碎（将肉放在料理机中，放入冷冻库中冷冻15分钟，然后以间歇搅打的方式绞碎）。

具体步骤

4人份汉堡

面包

4个圆面包（直径为9~10厘米）

肉

400克刚剁好的肉（不要压实）：200克牛肋排，200克牛腩
1茶匙盐

配菜

4片切达奶酪（最多厚2毫米）
1个番茄
2大片生菜或者4片莴苣
1根酸黄瓜
1个紫洋葱
10克黄油
1茶匙橄榄油
1茶匙盐
胡椒粉（研磨器转8下）

酱汁

1个洋葱
1瓣蒜
70毫升水
250克番茄酱
40克糖浆
2汤匙苹果酒醋
2汤匙伍斯特酱汁
2汤匙第戎芥末
1茶匙糖
½茶匙塔巴斯科辣酱
胡椒粉（研磨器转8下）
2汤匙橄榄油
½茶匙埃斯普莱特辣椒
少许卡宴辣椒粉

制作汉堡

1. 将洋葱放入料理机中加水搅拌约30秒钟，直至得到顺滑的洋葱糊。将得到的糊用细网漏勺过滤，挤压得到100克洋葱糊。将洋葱酱汁、番茄酱汁、糖浆、醋、伍斯特酱汁、芥末、塔巴斯科辣酱、糖和胡椒粉混合。

2. 在中等大小的平底锅中用中火加热油。加入切碎的蒜和调料，翻炒大约30秒钟，直到蒜香飘逸，然后加入混合好的番茄酱，加热至沸腾，开盖让其滚沸大约25分钟，直到酱汁变得浓稠。

3. 清洗莴苣叶，将其切成两半，将番茄切成8片。将紫洋葱去皮，切成细环，将酸黄瓜切成4片厚度约为5毫米的长条，再将每个长条纵向切成两半。

4. 在切菜板上将碎肉精细地分成分量相等的4份。将每份碎牛肉做成形状、大小和圆面包一样，厚度为1~1.5厘米的圆饼。不用将表面磨光，在每块牛排上撒上½茶匙盐，用抹刀将其翻转过来，在另一面上撒上剩下的盐。

5. 用最大火加热油，当油开始冒烟时，把牛排放在锅中煎约为1分钟，不用翻动，使其形成焦香表皮。然后用抹刀将其翻转过来，在每块牛肉上放一片奶酪，用中火煎1分钟至其融化。放在网架上控油。

6. 将面包切成两片，用中火在平底锅上融化5克黄油，直至其变成金黄色。将面包切口面朝下放在黄油上，煎成金黄色。再将面包的另一半也用剩余的黄油煎至上色。

7. 将每片面包的里面涂抹上1茶匙酱汁。然后放上半片沙拉叶、2片番茄、带奶酪的牛排、几个红洋葱圈、2块酸黄瓜。然后将另一半面包盖上即成。

配菜
马铃薯多芬

要点解析

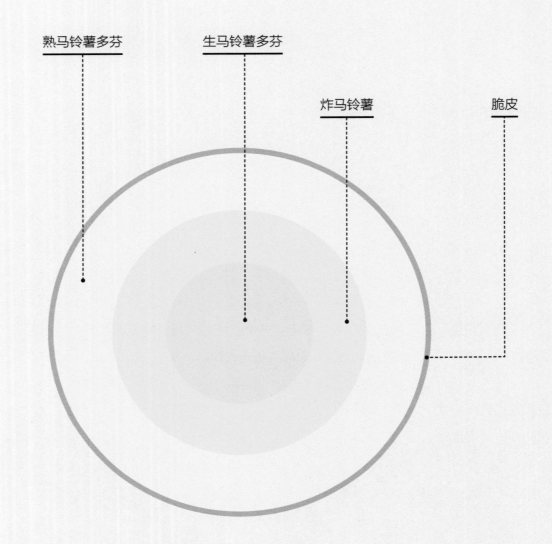

熟马铃薯多芬　　　　生马铃薯多芬

炸马铃薯

脆皮

什么是马铃薯多芬

土豆泥和鸡蛋松软面糊混合后捏成小球，然后炸制而成。

料理用时

准备：45分钟
烹饪：40分钟~1小时

工具

筛子+刮片（或者压榨机或者榨汁机）
裱花袋+带有20毫米的裱花嘴
温度计的套筒
漏勺

难点

土豆泥的质地，熟度。

操作要领

挤花。（281页）

料理完成

当其炸至金黄并膨胀起来时，即制作完成。

储存

加热：以200℃在烤箱里加热3分钟，然后撒上盐。若不烹调直接冷冻，油炸时间延长3分钟即可。

要点

鸡蛋松软面糊的量是土豆泥的两倍。

搭配食用

烤肉
烤鸡
漆皮烤鸭（200页）
汉堡（240页）

马铃薯多芬是怎么膨胀的

其中包含的水分蒸发使得马铃薯多芬膨胀起来。

油炸马铃薯多芬为什么会浮起来

随着水分蒸发，马铃薯多芬慢慢变得疏松，就会浮到表面。

具体步骤

40个马铃薯多芬

土豆泥

500克手指土豆或者蒙娜丽莎土豆
粗盐

鸡蛋松软面糊

2个鸡蛋
120毫升水
50克黄油
½茶匙盐
70克面粉

作料

少许咸肉豆蔻碎末
少许盐
胡椒粉
1升花生油

制作马铃薯多芬

1. 刷洗土豆，然后将其放入盛装有凉水的大平底锅中，加入粗盐。煮至沸腾，根据土豆的大小以微沸状态煮20~40分钟。

2. 制作鸡蛋松软面糊：在一个平底锅中加入水和盐，中火将黄油融化，同时一直搅拌。煮至沸腾，煮沸后继续煮2~3秒钟。

3. 从火上取出，一次性倒入面粉，然后慢慢地混合。当形成面团时，再用力搅拌。

4. 搅拌面团的同时将其放在中火上使其干燥30秒钟~1分钟。其间可以将其从火上拿下来，以避免烧焦锅底，一直到面团不再粘锅。

5. 将面团（干燥的面团）放入搅拌机中搅拌几秒钟，使其变温和（或者用木铲搅拌），然后向搅拌好的面团中一点点加入打散的鸡蛋，直至浸没着的面团。如果面糊可以挂在搅拌器上，并且会一滴一滴（或者几滴）地掉落，面糊就做好了。如果不能，就要再加入打散的鸡蛋。

6. 将土豆沥干，然后将其重新放在锅中，在火上翻动，以使皮变干，剥皮。

7. 用叉子将热土豆大致压碎，然后借助刮片将其用筛子过滤。加入盐、胡椒粉和肉豆蔻。

8. 用抹刀或者刮片将面糊和土豆泥混合。将混合的土豆泥面糊装满裱花袋中（或者用汤匙）。

9. 将切菜板上的约40个马铃薯球投入油锅中炸。将马铃薯多芬放入盛有160℃热油的锅中炸，一次放入8个，注意不要让其相互粘连。它们会先沉底再漂上来。炸4分钟后用漏勺将其捞出控油。撒上盐后将其放在厨房纸上吸油。重复操作。

马铃薯舒芙蕾

要点解析

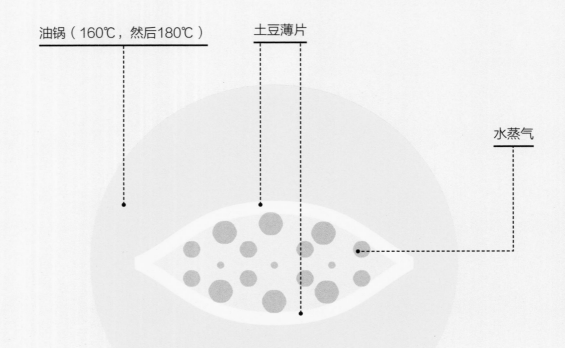

油锅（160℃，然后180℃）　　土豆薄片　　　　水蒸气

什么是马铃薯舒芙蕾

炸土豆薄片，"舒芙蕾"在烹饪里是指其膨胀，变得焦黄。

料理用时

准备：15分钟
烹饪：20分钟

工具

2个小平底锅
温度计
蔬果刨片刀
小漏勺
圆形打洞钳（直径：5厘米）

难点

两个油锅同时达到所需温度。
将土豆从一个油锅放入另一个油锅。

料理完成

当土豆片膨胀起来并且变得略微焦黄时，即制作完成。

搭配食用

羊后腿、鸭胸佐酸橙汁（204页）、烤羊羔肉（83页）。

土豆片是怎么膨胀起来

在高温的作用下，土豆里的水分转化为水蒸气，所以土豆就膨胀起来了。

土豆片在油炸过程中为什么会分离

水蒸气将土豆薄片的两面卷起来。一旦水分完全被炸干，土豆片的两面就会分开。

具体步骤

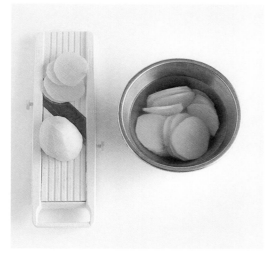  

30~40个马铃薯舒芙蕾

2个大土豆（每个300克）果肉富含淀粉或者果肉柔软的（阿哥瑞亚或者蒙娜丽莎土豆）
花生油
1茶匙盐

1. 准备2个油锅：一个油温160℃，另一个180℃。将土豆去皮，用凉水冲洗，然后用棉布将其擦干。用蔬果刨片刀将其切成足够光滑的2毫米厚的圆片。

2. 用打洞钳将每个土豆片的中间切掉。将其放置在凉水中。

3. 取5~8片土豆片冲洗，擦干，然后将其放置在160℃的油锅中炸，将其从油中捞出。用木铲搅动以保证土豆片在转移过程中保持恒温。

4. 当土豆片的表面开始出现一个或者几个气泡时（2~4分钟后），用漏勺将其捞出，并即刻将其转入第二个180℃的油锅中，用木铲搅动。

5. 当土豆片开始膨胀呈现金黄色且变干（几秒钟后）时，将其表面的油沥干，撒上盐，然后将其放在厨房纸上。第一批完成后，就将第一个油锅重新加热到160℃并且重复以上步骤。

马铃薯千层酥

要点解析

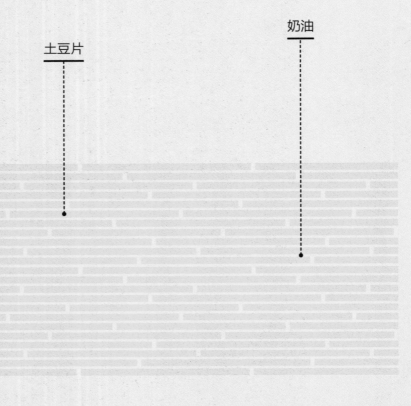

土豆片

奶油

什么是马铃薯千层酥

土豆片，用奶油浸泡，层层叠起，然后放入烤
箱中烤制而成。

料理用时

准备：40分钟
烹饪：1小时
静置：6小时

工具

糕点模子（约8厘米×25厘米）
蔬果刨片刀

创新菜品
多芬焗烤马铃薯（土豆+牛奶+奶油+大蒜）

难点
土豆片的切割。

操作要领
用蔬果刨片刀。（284页）
定型。（281页）

料理完成
当刀可以轻易地嵌入时。

搭配食用
蜜饯羊肉卷（192页）
羊肉块
三文鱼

土豆是怎么变得透明且易溶于口的

在烹饪的过程中，土豆中的淀粉膨胀起来，
凝胶化，这使得其结构发生了改变。

具体步骤

  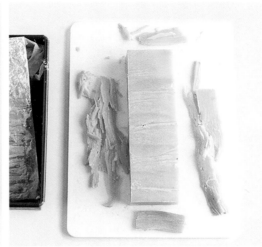

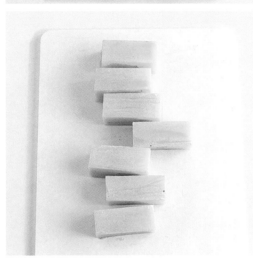

4人份马铃薯千层酥

1.2千克大土豆（每个重350~400克），果肉富含淀粉并且紧致（手指薯、阿尔斌斯米、蒙娜丽莎）。
150克全脂奶油
2茶匙盐
胡椒粉（研磨器转12下）
少许肉豆蔻
2汤匙橄榄油
½茶匙盐之花

1. 将烤箱预热至170℃。在蛋糕模子里铺上烘焙纸，将奶油、1茶匙盐、胡椒粉及肉豆蔻在一个圆盆子里混合均匀。
2. 将土豆去皮，冲洗干净。将其修整得和蛋糕模子一样长（8厘米），然后用蔬果刨片刀，在圆盆上方将其切成1.5~2毫米厚的长片，不停地搅拌以使奶油浸润土豆长片。
3. 将稍微沥干的土豆放在模子里，层层叠放，一个接一个，如有必要的话将它们交叠摆放以免有间隙。在每两片之间撒上盐和胡椒粉。然后用比其大的烘焙纸将其盖上，再放上一片锡箔纸。放入烤箱内烤1小时。
4. 剪一块比模子稍微小一点的长方形纸板。模子取出烤箱后，将裹着锡箔纸的纸板放在千层酥上。平均摆放，然后静置降至室温。将纸板拿掉，覆上保鲜膜，最多可以冷藏保存6小时。
5. 借助大烘焙纸将千层酥出模，将其放在长板上，去掉纸，修整两端，切成块。
6. 在一个不粘锅里倒上橄榄油，用中火将每个千层酥的上下两面煎至上色，然后撒上盐之花即可食用。

糖裹蔬菜

要点解析

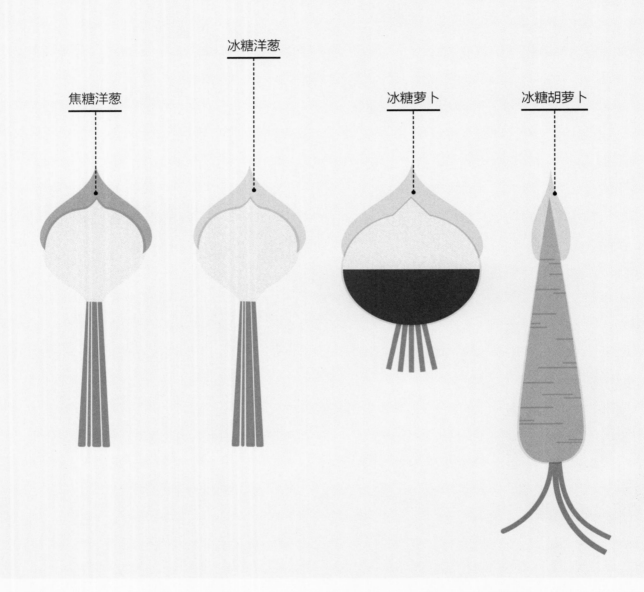

焦糖洋葱

冰糖洋葱

冰糖萝卜

冰糖胡萝卜

什么是糖裹蔬菜

小型蔬菜加水、黄油、糖一起煮，直至蔬菜裹上一层透明发亮的糖浆（冰糖）或者焦糖。

料理用时

准备：20分钟
烹饪：10分钟

工具

大平底锅（大口，高沿）

难点

将蔬菜烹饪熟的同时收干水分。

操作要领

制作一个烘焙纸盖。（285页）
转圈削胡萝卜。（39页）

技巧

使用已经去皮的速冻小洋葱，要延长2~3分钟的烹饪时间。如果蔬菜收干水分时还没有熟，可加入沸水。如果蔬菜已经熟了，而水还没有蒸发完，将蔬菜取出，待水分收干时再将蔬菜放入糖浆中。

搭配食用

酱汁肉
野味
鱼肉

洋葱是怎么上色的

水分蒸发后，温度超过100℃，引起焦糖化反应：形成褐色的合成物，使得洋葱呈现金色。

纸盘有什么作用

用来减缓蒸发并且保证有充足的水分来烹饪蔬菜。

具体步骤

4人份糖裹蔬菜

蔬菜

180克小洋葱（大约25个）
或者250克芜菁
或者250克小胡萝卜或者带叶子的新鲜胡萝卜

糖浆

15克黄油
1茶匙糖
¼茶匙盐
约100毫升水

1. 将选用的蔬菜去皮，冲洗干净，将芜菁切成4等份，然后将其翻转。
2. 将切好的蔬菜平铺在平底锅上，加入水至浸没其一半，加入黄油、糖和盐。
3. 煮至沸腾，然后用一片烘焙纸将平底锅盖上。以微沸状态煮至水分完全蒸发。

4. 拿掉烘焙纸，继续煮1分钟，并注意其收汁程度：黄油和糖应该形成发亮的糖浆。若使用焦糖小洋葱，糖浆应浓缩直至得到焦糖。
5. 转动平底锅以使蔬菜裹上精致的糖衣。

烤南瓜

要点解析

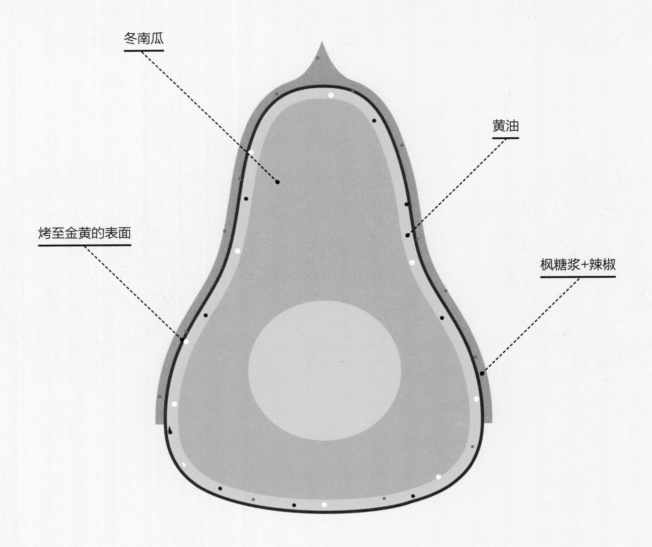

冬南瓜

黄油

烤至金黄的表面

枫糖浆+辣椒

什么是烤南瓜

烤南瓜条：配有辣枫糖浆、山羊奶酪以及山核桃仁。

料理用时

准备：25分钟
烹饪：35~40分钟

工具

刀（刀片尖硬）
盘子

操作要领

炒坚果。（281页）

料理完成

当南瓜片的两面都烤制金黄时，即制作完成。

搭配食用

鸡蛋
鸡肉

具体步骤

4人份烤南瓜

烤南瓜

1个800克的冬南瓜
35克黄油
½茶匙盐
胡椒粉（研磨器转10下）

配菜

60克山羊奶酪
40克山核桃仁
4汤匙枫糖浆
少许卡宴辣椒粉
1枝新鲜百里香

1. 烤箱预热至220℃，网架放下层。用刀将南瓜
   去皮，同时去掉南瓜皮下的白皮。剥后的南
   瓜应该是橘黄色的，然后将其切成两半，将
   圆的部分和长的部分分开。然后将其纵向切
   开，用汤匙将南瓜子取出。
2. 将黄油融化，南瓜块横向切成1.5厘米厚的南
   瓜条（切面朝下），将切好的南瓜放在一个
   大的搅拌盆里，倒入融化好的黄油，加入盐
   和胡椒粉，混合均匀。

3. 将南瓜条放在烤盘上，只铺一层，将其烘烤
   25~30分钟，直到南瓜条下面一层上色均匀。
   然后用煎铲将每个南瓜条翻转过来，再烤10
   分钟至另一面也上色均匀且肉质柔软。
4. 焙炒山核桃仁，将其切成大块，将山羊奶酪
   切成小方块。
5. 在小碗中将枫糖浆和辣椒粉混合，将烤南瓜
   装盘，在其上倒上混合好的辣枫糖浆。加入
   奶酪和山核桃仁，撒上新鲜的百里香叶子。

烤花椰菜

要点解析

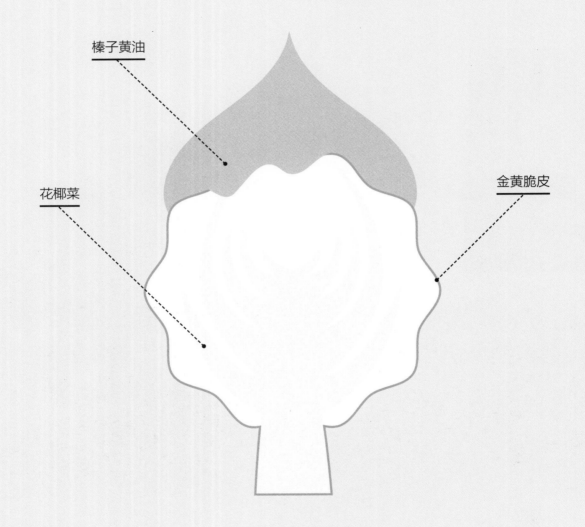

榛子黄油

花椰菜

金黄脆皮

什么是烤花椰菜

整个花椰菜均匀涂上黄油，放入烤箱烘烤。

料理用时

准备：10分钟
烹饪：1小时~1小时15分钟

难点

上色：花椰菜不能被烤焦。

料理完成

当花椰菜外焦里嫩时。

搭配食用

香烤小羊排（77页）
芥末兔肉（210页）
俄式三文鱼派（174页）
清煮鳌虾（144页）
缤纷多宝鱼柳（156页）

蔬菜在烹饪过程中有哪些变化

蔬菜的结构特点是有一个坚固的细胞壁。在烹饪过程中，温度超过70°C，细胞壁就被破坏，蔬菜就会变软。

4人份烤花椰菜

烤花椰菜

1个花椰菜重约1千克
90克软化黄油

作料

1茶匙盐

1. 将烤箱预热至200℃。将花椰菜的蒂切掉，去掉叶子，使其能够放平。将其清洗干净，用潮湿的厨房纸擦拭。

2. 将花椰菜放入一个小盘子里或者平底锅中，将软化黄油涂满花椰菜，撒上盐，放入烤箱中烤。

3. 将花椰菜烤制变软：烤制1小时~1小时15分钟，每10~15分钟就浇淋一层黄油。将整个花椰菜装盘，然后切块食用。

糖裹抱子甘蓝

要点解析

焦化黄油

抱子甘蓝

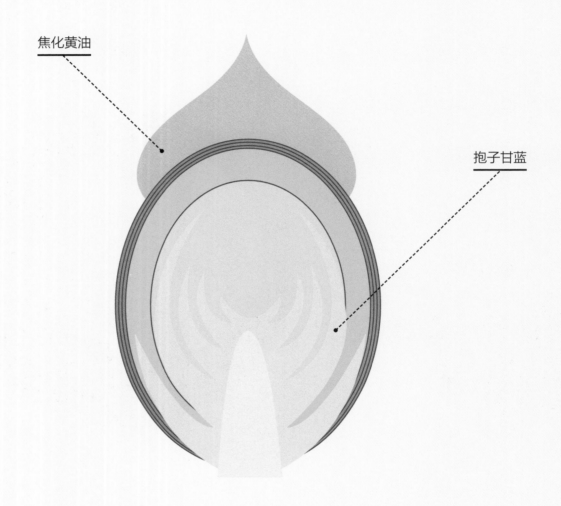

什么是糖裹抱子甘蓝

先将抱子甘蓝煨煮，然后和黄油、糖以及榛子一起煎香。

料理用时

准备：25分钟
烹饪：25分钟

创新菜品

搭配去皮熟榛子（不要焙炒）。

难点

糖裹榛子：如果操作时间太长，榛子就会变得苦涩。

操作要领

炒坚果。（281页）

料理完成

当抱子甘蓝表面充满光泽时，即制作完成。

搭配食用

烤猪肉。

为什么我们将其称作糖面

糖和黄油相互混合，会形成一层黏稠的糖浆，浇在榛子和甘蓝上形成糖面。

具体步骤

4人份糖裹抱子甘蓝

糖裹抱子甘蓝

500克抱子甘蓝
15克黄油
1茶匙盐
120毫升水

糖裹榛子

60克榛子
30克黄油
15克糖

作料

胡椒粉（研磨器转6下）
盐

1. 将甘蓝外层叶子摘掉，切掉其菜根。冲洗，沥干。
2. 将甘蓝和盐放入一个盛有沸水的平底锅中。将火关小，让其开盖滚沸10~15分钟，直至刀尖可以轻松插入甘蓝。
3. 将榛子放入一个加热的平底锅中焙炒，直至其表面变成褐色。用刀将其大致切碎，将甘蓝沥干。
4. 将糖和黄油放入一个平底锅中，中火融化，加入榛子，搅拌让榛子裹上糖衣。烹饪大约3分钟，同时不停地搅拌，直至榛子表面裹上透明且略带烘黄的糖衣。
5. 加入甘蓝和15克黄油，搅拌，直至甘蓝加热完全，需要的话，撒上盐和胡椒粉。

芦笋佐蛋黄酱

要点解析

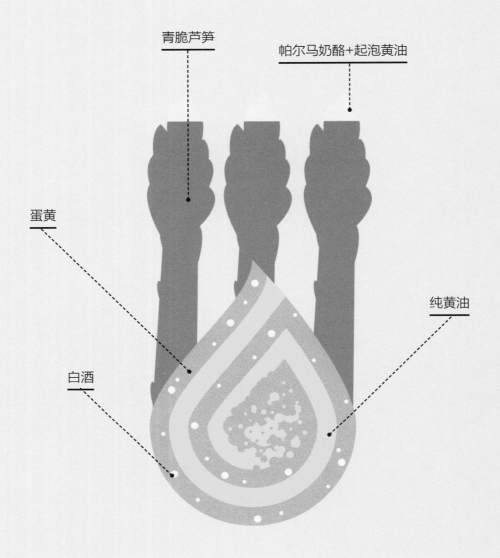

青脆芦笋

帕尔马奶酪+起泡黄油

蛋黄

纯黄油

白酒

什么是芦笋佐蛋黄酱

沸水煮芦笋，然后加入起泡黄油和帕尔马奶酪混合物在长柄平底锅中煎炒，配以乳化蛋黄为基底，加入白酒和黄油的酱汁。

料理用时

准备：35分钟
烹饪：15分钟

工具

小平底锅或带柄小平底锅
2个大平底锅
搅拌器

含义

意式蛋黄酱：是指在火上搅拌蛋黄和液体的技巧。
引申：意大利甜食（以红酒、糖、蛋黄为基底的浓稠奶油）、佐餐蘸酱（芦笋等）。

蛋黄的衍生品

荷兰酱（30页）

意式蛋黄酱的使用

可搭配鱼类和甲壳类海鲜食用。

操作要领

准备澄清黄油。（51页）

技巧

最好使用大口的小平底锅，以便于搅拌（速度太慢，蛋黄很快就会凝固的）。

料理完成

当芦笋变得柔软且酱汁呈现轻薄状时，即制作完成。

为什么酱汁乳化后体积会放大3倍

在搅拌的时候会混入空气，所以蛋黄酱会变成泡沫状。

具体步骤

1

2

4人份芦笋佐蛋黄酱

1. 芦笋

约20根粗的青芦笋（长20~22厘米），大约1.5千克
30克帕尔马奶酪
50克黄油
胡椒粉（研磨器转2下）
40克粗盐（每20克加1升水）

2. 加柠檬汁的蛋黄酱

5个蛋黄
150克澄清黄油（51页）
20毫升白酒
1个柠檬
1茶匙盐
少许卡宴辣椒粉

制作芦笋佐蛋黄酱

1. 将澄清黄油放入盛有热水、文火加热的隔水炖锅中（不要沸腾，大约40℃）来保温。压榨柠檬，把帕尔马奶酪擦成丝，将芦笋底部切掉（3或4厘米），然后将其冲洗干净。

2. 将芦笋投入沸水中，加入粗盐，煮8~10分钟，直至芦笋变得柔软，将其捞出沥干。

3. 在平底锅中用白酒冷冻蛋黄将其乳化。然后用文火煮3~5分钟，同时搅拌以得到蛋黄酱：应呈奶油状和泡沫状。

4. 关火，将纯黄油通过滤网倒入蛋黄酱中，撒上盐，加入卡宴辣椒粉，混合。盖上锅盖，在室温下保存。

5. 在平底锅中大火使黄油呈泡沫状。将芦笋分散开，裹上黄油，再撒上一层帕尔马奶酪。

6. 用汤匙将起泡黄油浇淋在芦笋上。撒上胡椒粉。用文火加热蛋黄酱，同时搅拌，加入柠檬汁，将芦笋装盘，将蛋黄酱淋在旁边。

意式牛肝菌煨饭

要点解析

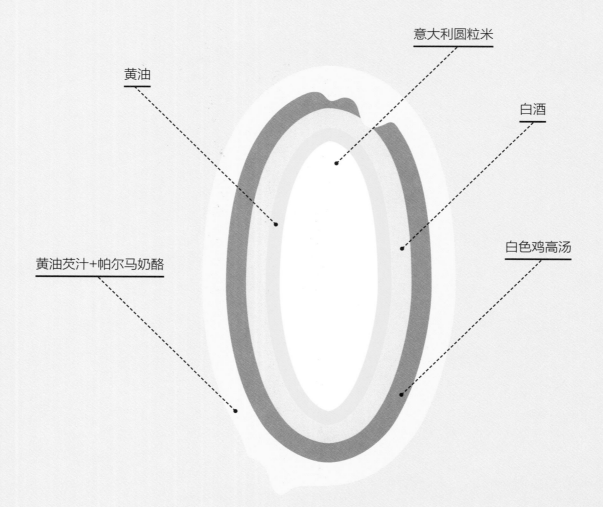

黄油

意大利圆粒米

白酒

黄油芡汁+帕尔马奶酪

白色鸡高汤

什么是意式牛肝菌煨饭

珍珠状圆米加入黄油、洋葱，用白酒融化锅底焦糖。然后在高汤中煮，用牛肝菌烹调，加入黄油及帕尔马奶酪勾芡。

料理用时

准备：50分钟
浸泡：25分钟
烹饪：25分钟

工具

直径10厘米的圆形，支撑平底锅（大口、高沿）

创新菜品

米兰煨饭：用1克番红花代替牛肝菌（在一长柄汤匙的原汁清汤中调配），在结束前几分钟加入

难点

收尾工作：米饭应该呈现饱满轻盈的状态。

操作要领

制作乳酪薄片。（276页）
压碎。（280页）
切末。（280页）

技巧

高汤应该和米饭以同等强度滚沸，以使得汤汁更好地渗透到米饭中。

料理完成

当煨饭呈奶油状，而米饭仍然有点生硬时，即制作完成。

为什么不要冲洗米

为了保留米粒表面的淀粉，使酱汁浓稠。

4人份意式牛肝菌煨饭

1. 牛肝菌

20克脱水牛肝菌
200毫升热水
10克黄油
1瓣蒜
½茶匙盐
胡椒粉（研磨器转3下）

2. 煨饭

250克圆粒米（卡纳诺里或者意大利）
1个洋葱
1升鸡高汤
100毫升白酒
10克黄油
盐
胡椒粉

3. 勾芡

60克帕尔马奶酪，整块
60克黄油

4. 网状瓦片

20克帕尔马奶酪，整块

制作意式牛肝菌煨饭

1. 将帕尔马奶酪擦成细丝。将大蒜去皮，去芽，捣碎。将洋葱去皮，切碎。用热水将牛肝菌浸泡15~30分钟，直至其变得柔软。将其置于碗上方挤压，将浸泡汁渗透到原汁高汤中。冲洗牛肝菌，然后用厨房纸将其擦干。

2. 中火加热一个小不粘锅（3分钟），关火，将圆模放在锅的中央，在其内铺上2汤匙帕尔马奶酪。将圆模取出，然后平底锅加热帕尔马奶酪1~2分钟，待其变得金黄。关火，用煎铲取下奶酪薄片。重复3次此操作（不用预热平底锅）。

3. 在一个平底锅中火加热融化10克黄油，将牛肝菌放入煎几分钟，同时不停地搅拌。加入大蒜搅拌均匀，继续炒30秒钟，直到其散发出香味。加入⅓茶匙盐、胡椒粉和一长柄勺高汤。然后煮2分钟，捞出。

4. 在平底锅中用中火加热融化20克黄油。然后将洋葱放入煎2分钟，同时不停地搅拌，直至洋葱变得半透明。加入米饭，并不停地搅拌2分钟。倒入白酒，煮至收干。

5. 倒入一长柄汤勺高汤，煮至沸腾并且不停地搅拌。待其全部被吸收，再加入1汤匙，重复操作，直至所有的高汤都被吸收完。在烹饪结束前10分钟加入牛肝菌。

6. 关火，加入剩余的黄油、帕尔马奶酪丝，轻轻地搅拌，适度调味。将其装盘，放上一片帕尔马奶酪薄片作为点缀。

墨汁煨饭

要点解析

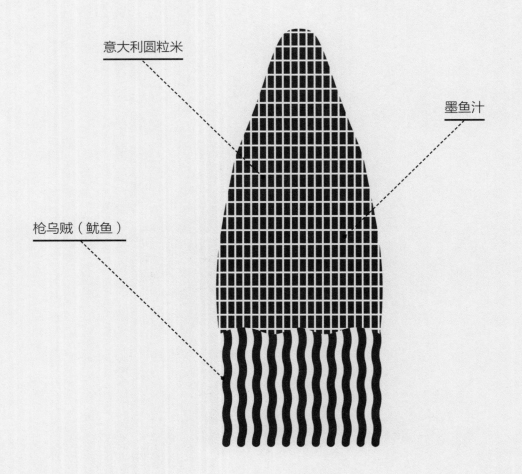

意大利圆粒米

墨鱼汁

枪乌贼（鱿鱼）

什么是墨汁煨饭

珍珠状圆米，加入黄油和洋葱，用白酒融化锅底焦糖，然后在加入墨汁的高汤中煮制而成。

料理用时

准备：40分钟
烹饪：15分钟

工具

平底锅（大口、高沿）

创新菜品

购买整只的墨鱼，将其内脏取出并保留墨囊。

购买2只以上的墨鱼，以获得足够的墨汁（墨鱼的肉质没有枪乌贼的细嫩）。

难点

烹饪完成时：米饭应微微弹牙。

操作要领

压碎。（280页）
切末。（280页）
收汁。（283页）

技巧

高汤应该和米饭以同等强度滚沸，以使汤汁更好地渗透到米饭中。

料理完成

当煨饭呈奶油状，而米饭仍然有点生硬时，即制作完成。

为什么要少量多次加入高汤

根据米饭吸收汤汁的程度来确定所需的汤汁量。

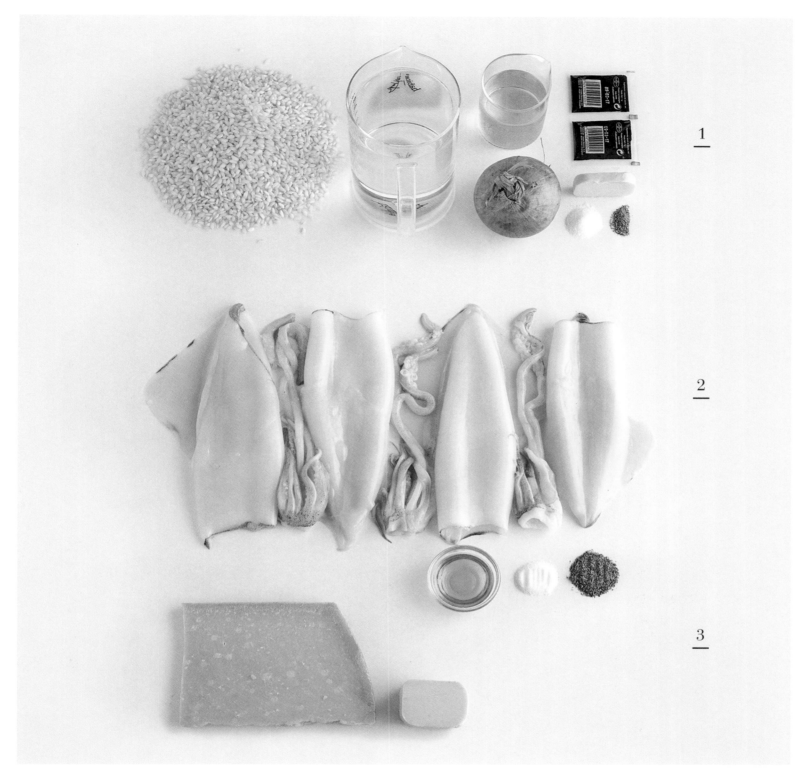

1

2

3

4人份墨汁煨饭

1. 煨饭

250克圆粒米（卡纳诺里或者意大利）
1个洋葱
10克墨鱼汁
35克黄油
1.2升水
100毫升白酒
½茶匙盐
胡椒粉（研磨器转3下）

2. 配菜

4个大约20厘米的枪乌贼（500克），去除内脏
10毫升橄榄油
胡椒粉（研磨器转6下）
½茶匙盐

3. 勾芡

60克帕尔马奶酪
60克黄油

制作墨汁煨饭

1. 剪下枪乌贼的鱼鳍，将其放入盛有加入了水的平底锅中，加入½茶匙盐，煮至沸腾，然后让其滚沸15分钟，直至水充满香气。
2. 将帕尔马奶酪擦成细丝。将洋葱去皮，切末。
3. 清洗枪乌贼，将其剥开，然后放在盘子里，将其晾干。用刀子将其表皮及两侧的肉切成格子，保留鱿鱼须。
4. 将枪乌贼切成大约2厘米宽的长条。

5. 在平底锅中火加热融化20克黄油。将洋葱和一半的鱿鱼须放入黄油中煎2分钟，同时不停地搅拌，直至洋葱变成半透明。
6. 加入米饭，不停地搅拌2分钟，倒入白酒收干。倒入一长柄汤勺鱿鱼汤，让其滚沸并且不停地搅拌。待其完全被吸收后，再加入一汤勺。重复此操作直至米饭已经煮熟但仍然有点生硬。
7. 在烹饪到一半时，将墨鱼汁混合到1汤匙的鱿鱼汤汁中，然后将其加入到煨饭里搅拌均匀。

8. 关火，加入剩余的黄油和帕尔马奶酪丝，轻轻地搅拌，撒上盐和胡椒粉。
9. 在一个平底锅中明火加热橄榄油。加入鱿鱼须，煎炒1分钟，直至鱿鱼须轻微卷起。调味。
10. 将米饭和鱿鱼装入深盘中。

操作要领

酱汁/配菜的摆盘

1. 酱汁摆盘

逗号形
用汤匙取适量酱汁并垂直于盘子将酱汁滴在盘子上，然后用汤匙末端拉出逗号形状。

圆形
取一只圆形模具放在盘子上，将酱汁倒入模具中，上菜前撤走模具即可。

借助汤匙
用汤匙快速带动酱汁流动，勾勒形状。若酱汁太稀，将之装入小罐中并放在盘子一侧。

2. 泥/酱摆盘

圆形
圆形模具放在盘子上，将泥/酱放入模具内并用汤匙背面抹匀。

丸子形
取两只汤匙在热水中蘸湿，用其中一只取适量泥/酱，另一只刮走勺中泥/酱，来回重复5~10次直至得出丸子形，过程中汤匙不停地蘸水。

借助汤匙拉动泥/酱
将泥/酱放在盘子中，用汤匙背面拉动出形状。

3. 配菜摆盘

配菜摆盘要注意协调，一般顺序为：酱汁、主菜、配菜。

直线
将配菜与主菜呈平行线放置。

圆弧形
将配菜沿盘子边缘呈圆弧形放置。

4. 裱花摆盘

裱花摆盘是为了给柔软的食材塑形，先将裱花袋末端剪开，装上裱花器后将食材装入袋中，垂直于盘子轻轻挤出。

装盘

1. 圆形装盘

传统摆盘法，简单利落。
圆形模具能够使泥/酱类柔软食物塑形，制作出更美观的外形和高度或将食材整齐地叠放，操作时将食材铺满模具，用汤匙背面抹平后撤走模具。

2. 线形装盘

极富现代感。餐盘大量留白。
将料理所需食材切成几厘米宽的段状，整齐地摆放在盘子一侧，可借助格尺或硬纸板塑形。

3. 立体装盘

有视觉冲击感的装盘。
将食材叠放，例如圆形果泥、鱼块和沙拉的叠放。

4. 图表式装盘

几何感的装盘。
将食材以几何形排列，如半月形，直线形，弧形等。

5. 对比装盘

颜色对比：如黑色橄榄和白色鱼肉。
形状对比：如完整食材和零散食材。

6. 有结构/无结构装盘

有结构：食材有序摆放。
无结构：食材无序摆放。

装盘基础

提前设想好装盘形状，盘子不要装得过满，要留出部分空白区域，尽量运用构造、颜色、温度等方面的差异造成视觉上的冲击。

装饰

1

2
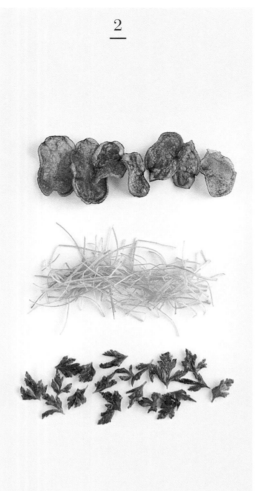

3

4

5

6

1. 花

食材中可加入可食用花（如琉璃苣、三色堇、旱金莲等）或发芽的种子增加香气，但切忌使用过量，掩盖住食物原本的气味。

2. 油炸食品

薯片
土豆用蔬果刨片刀削成1毫米厚的片状，洗净，擦干后在热油中炸至酥脆，撒上盐即可。

韭葱丝
将韭葱的葱白与葱绿分开切成极细的丝状放入热油中炸几秒钟，取出后撒上盐即可。

炸欧芹
将欧芹叶放入3厘米深的热油中炸几秒钟直至变干、变脆，切忌时间过长使叶片变黑，撒上盐即可。

3. 片状物

帕尔马奶酪
不粘锅加热后关火，在中间放上圆形模具，撒上奶酪丝；撒走模具，重新开火加热至奶酪融化并变成金黄色；关火，用锅铲轻轻盛出奶酪片。

肥肉
将切好的肉放在平底锅中，压上重物，中火每面加热3~4分钟。

荞麦饼
用模具切出圆形饼，刷上黄油后放入烤箱，以180℃烤10分钟。

4. 盐/胡椒
盐和胡椒粉是菜肴增味的最简单方法。

5. 果皮
果皮碎：品尝时几乎感觉不到果皮的结构或质感。
果皮：更厚更长的果皮，口感更脆，口味清新。

6. 香草
切碎的香辛蔬菜撒在菜肴上，增加菜品色调与立体感。

1. 水滴状

糖浆状

醋收汁直至得到糖浆状，冷却后借助小汤匙或吸管滴在盘子上（不接触盘子）。

泥状

制作青豆泥或胡萝卜泥，借助裱花袋挤在盘子上。

2. 蔬菜片

蔬菜用蔬果刨片刀削成薄片后浸在冷水中，约10分钟后捞出使其口感更脆。

叠放

将蔬菜薄片在手中叠放好后移至盘中。

平铺

将蔬菜片平铺在盘中，参照生牛肉片配酱汁的摆盘方式。

3. 泡沫

奶油状液体（或明胶、高汤等含蛋白质的液体）加热至起泡后，倒入较高的容器中，搅拌均匀后用勺子撇去泡沫。

装饰基础

菜肴的装饰应带给菜品立体感及美感，但不可喧宾夺主。

肉的处理

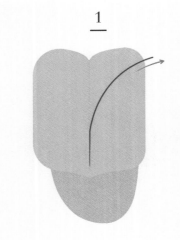

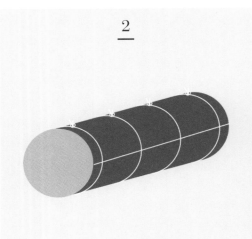

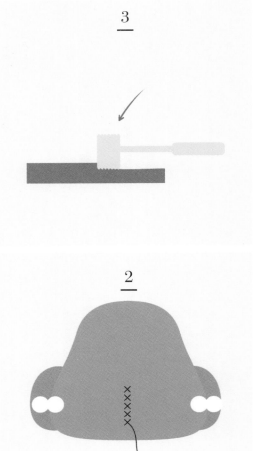

1. 剔除血管

去除肝叶上的血管，将肉分成小块，用手或汤匙撕下血管，再将每块掰成两半，剔除表面及内部血管。血管的剔除可以保证菜品口感。

2. 绑/捆

使每块肉固定或用针缝好，这可以保证菜品的完整性，防止在烹饪过程中食材丢失，绑起来的家禽类会延长25%的料理用时，因为热空气浸入内部的速度变慢，塞馅的肉应加以捆绑，防止食材漏出。

绑/捆烤肉

烤肉每隔2厘米绕一圈绳，两端系两个结扎紧。

烤鸡

用针穿线以十字形缝合，末端系两个结扎紧。

3. 敲打肉排

用杵、擀面杖或锅底轻拍肉类使其厚薄一致，并且在此过程中，肉类的部分肌肉纤维被敲断，使肉质更嫩。

肉的类别

第一级柔软部位

牛肉：排骨、牛排、臀部、里脊、肋排、腰腹部、膈柱肌肉、上腰部肉、前臀肉、腿肉
牛犊：里脊、大腿肉
羔羊：肋排、方肉
烹饪时间较短，以防肉质变硬。

二等或三等肉类（偏硬，含丰富胶原和筋的部位）

牛肉：肋骨，肩部、颈部肉、肩胛肉、腿肉
牛犊：肩部、颈部
羔羊：肩部、腿部
烹饪时间较长，因为胶原和筋不易熟。

鱼的处理

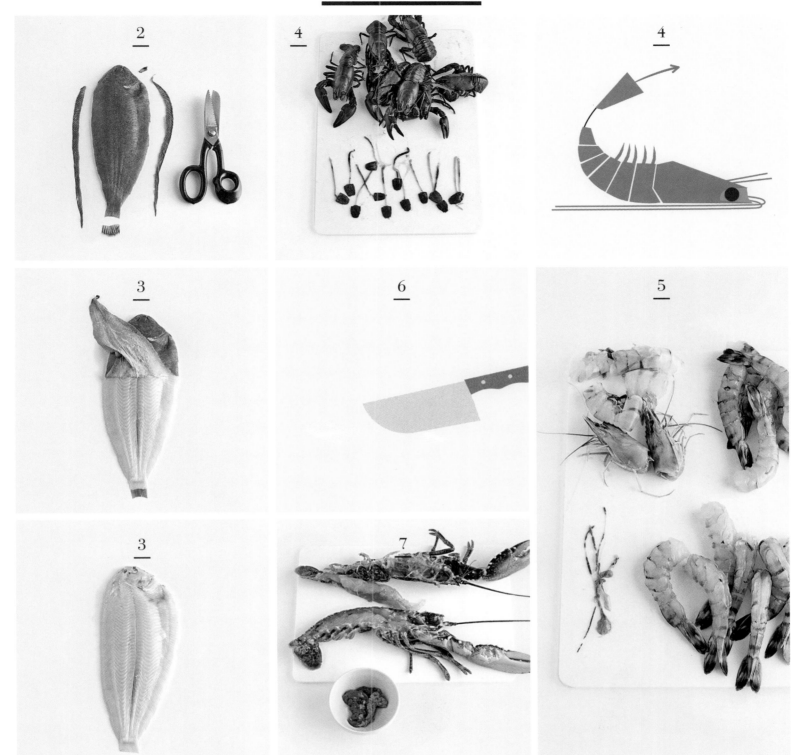

1. 加工（无对应图片）

烹饪前处理鱼：刮鳞片、去鱼鳍、掏空内脏。
家禽类：剔除筋肉和油脂、掏空内脏、捆扎。

2. 修剪

用剪刀去除鱼鳍。

3. 去皮

将刀放在鱼尾处鱼皮与鱼肉中间，另一只手抓住
鱼皮向鱼头方向撕下鱼皮。

4. 摘除

螯虾去肠线：螯虾紧贴案板，一只手按住虾头及虾
身，另一只手抬起虾尾轻轻向左右晃动拉出虾线。

5. 去壳

去除虾壳。

6. 切鱼骨

根据大小将鱼骨切成3或4块。

7. 龙虾去头

这一步包括去沙囊、肝及虾线，保留虾卵，可能
在收汁时会用到。

刀法

1. **切末**

香辛蔬菜：蔬菜叠放后切成细丝。
红葱头：切末。

2. **切碎**

用厨刀切成极小状。

3. **压碎**

剥皮后的大蒜用刀背用力压扁。

4. **切片**

将蔬菜切成薄片。

5. **瓜果去皮**

柠檬两端切掉至看到果肉，底部立在案板上，用刀从上向下切至完全去皮。

6. **取果肉**

用刀将果肉从内果皮中取出。

7. **番茄去皮**

将番茄在滚水中浸泡几秒钟后迅速放入冷水中冷却即可轻易去皮，也可以使用蔬菜削皮器。

8. **去皮**

去除柑橘类水果的果皮。
果皮碎：品尝时几乎尝不出果皮的脉络。
果皮：偏厚、长的果皮，烹饪后口感更脆，味道清新。

9. **切成薄片**

斜切果皮。

10. **研磨胡椒粒（无对应图片）**

将胡椒粒放在小号平底锅中，用另一只锅的锅底用力按压。

基础技巧

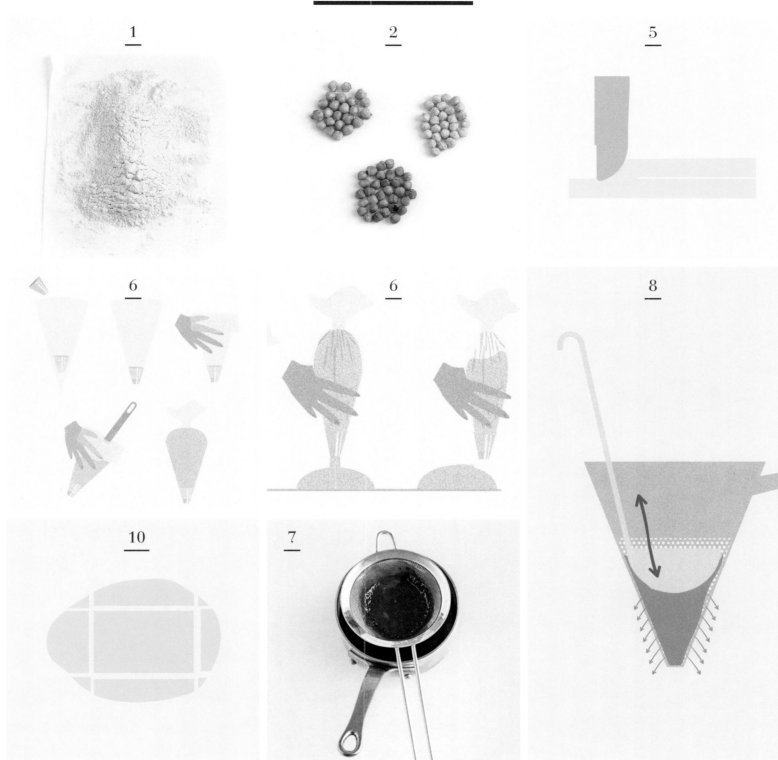

1. 沙状处理

用手指混合面粉和黄油小块直至得到沙状的乳白色黄油面粉。

2. 炒坚果

将坚果放入平底锅中，中火炒至颜色变棕，其间不停翻动。

3. 炒面粉（无对应图片）

面粉倒入平底锅中中火加热并不停翻动，将事先准备的浓稠酱汁放入炖锅中，将面粉放在酱汁上，无须搅动，以180℃烤5~10分钟。

4. 刮边（无对应图片）

用刮板或刮刀轻轻刮容器内壁，去除多余食材。

5. 揉和两块面团

面团抹上水或蛋液用手按压两块面团的边缘，使其在烹饪中更好地黏合。

6. 挤花

裱花袋末端剪开，放入裱花嘴，堵住底端后装入食材，垂直于盘子上方1厘米处挤出。

7. 过滤

将食材倒在滤网上并按压，挤出汁液。

8. 压榨

将食材倒在中国帽子式滤网上，用汤匙用力按压，最大限度地得到液体。

9. 保鲜膜包裹（无对应图片）

用保鲜膜包裹住食物，轻轻按压，挤出空气。

10. 定型

拿掉食物中不美观或不可食用的部分，使食物外观更佳。

烹饪

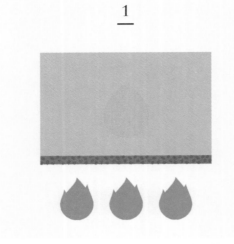

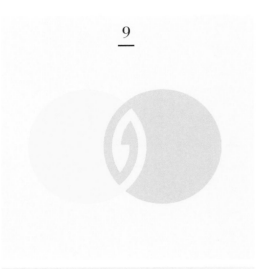

1. 美拉德反应

当食物中水分子完全蒸发时，蛋白质和糖发生的化学反应，使得食物变成棕色，口感浓郁。

2. 上色

为了使食材上色，将食物加热后用厨房纸擦干，保证食物每面都上色。

3. 勾芡

淀粉倒入食物中使汤汁浓稠。

4. 沥

用漏勺沥出液体。

5. 脱水

蔬菜放入锅中加热使部分脱水，但要防止蔬菜变色。

6. 炖

盖上锅盖慢慢炖制。

7. 火烧（无对应图片）

用酒烧的方法使食物入味，等待火自然熄灭。

8. 测温度（无对应图片）

为了检测食物内部温度，将温度计插入食物中。

9. 增稠

为了使液体浓稠加入的食材（烹饪前可放面粉，烹饪结束时可放淀粉或蛋黄）。

10. 黄油增稠

酱汁中加入黄油提升浓度及黏稠度，将黄油块分批放入酱汁中，中火加热并不停搅动，当第一批黄油融化后加入下一批。

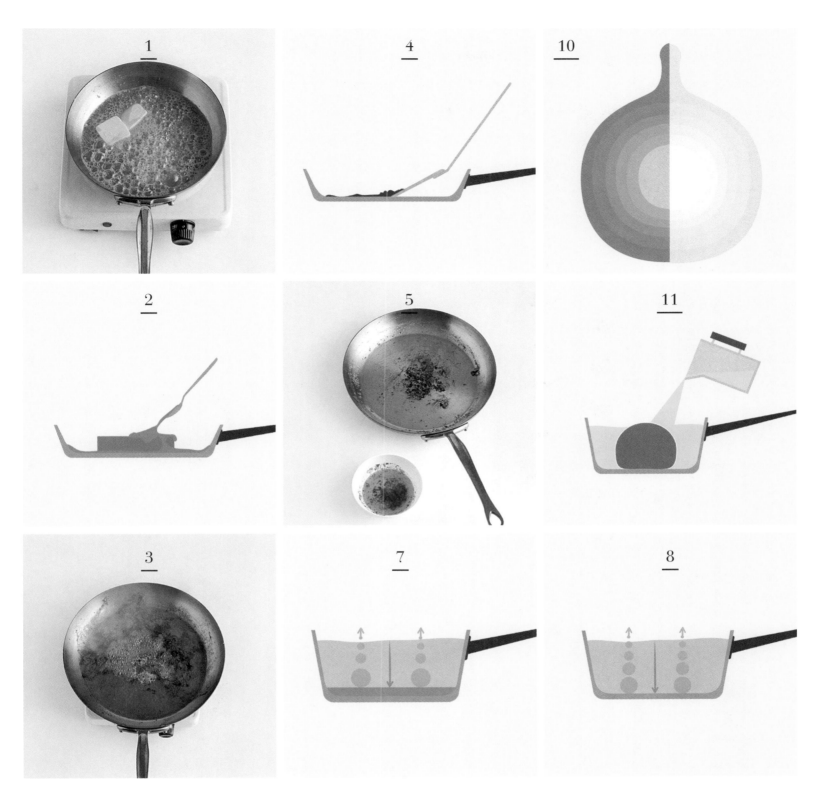

1. 黄油起泡

黄油加热融化至起泡：黄油中的小水滴遇热变为水蒸气产生起泡，黄油起泡这一步骤可以使食物更加入味。

2. 浇淋

用汤匙将融化的油脂或黄油浇淋在食物上，以防在烹饪过程中食物变干。

3. 融化锅底焦糖浆

将锅底焦糖汁融化，如果锅是热的，在锅中倒入凉的水、高汤或酒，加热至沸腾并不停搅动；如果锅是凉的，倒入滚水融化焦糖。

4. 刮底

用锅铲轻刮锅底。

5. 去除锅内油脂

使锅倾斜，将锅内多余油脂倒入碗中。

6. 撇油（无对应图片）

用汤匙将汤汁表面浮油撇去，如果汤汁是凉的，油脂会凝固，更易于撇去。

7. 收汁

酱汁加热至一部分水分蒸发。

8. 收干液体

液体（酒、水）加热至水分全部蒸发。

9. 撇去浮沫（无对应图片）

用漏勺撇去汤汁表面浮沫。

10. 烤制程度检验

白色：未变色，只微微变硬。
棕色：食材烤至变为棕黄色。

11. 煮汁

将液体（高汤、酒、水）倒入食材中使烹饪继续。

工具

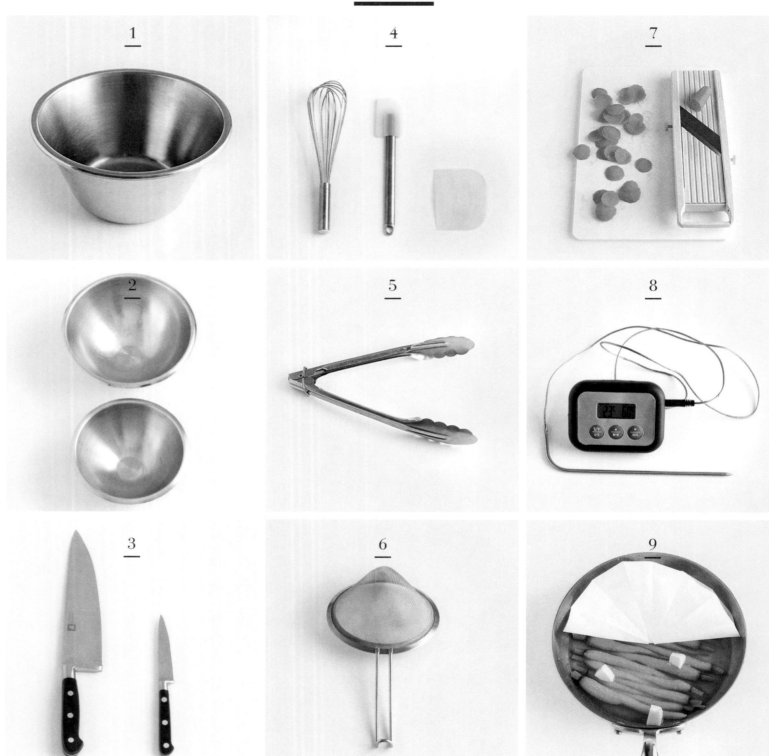

1. 圆边不锈钢盆

平底的不锈钢容器，可以装食材或洗蔬菜时使用。

2. 搅拌盆

半球形用来混合食材的容器，经常用来打发蛋白。

3. 主厨刀/多用刀

主厨刀：加上刀柄长25~30厘米，可用来切较硬的食材（如鱼骨），也可用来切生肉或切碎食材。
多用刀：7~11厘米长，锋利的多用途刀具。

4. 刮板/刮刀

刮板：半月形柔软的塑料片，用来刮盘子或案板。
刮刀：柔软的抹刀。

5. 食品夹

使烹饪过程中更容易夹取食材。

6. 帽子式滤网

锥形过滤工具。

7. 蔬果刨片刀

用来均匀切片、切条、切丝的工具。

8. 温度计/探针温度计

用来测试烤箱、食品、油的温度，在油炸食品中是必不可少的，但温度计切勿碰到锅底。

9. 烘焙纸盖

烹饪中食物盖上烘焙纸可以有效地避免食物表面过干，剪一张比锅大的正方形烘焙纸，对折后再对折，然后再沿正方形对角线对折，按压后得到一个直角三角形，沿最长边对折两次，得到一个非常小的三角形，将小三角形放在锅内中间处，减掉多余部分后展开即可。

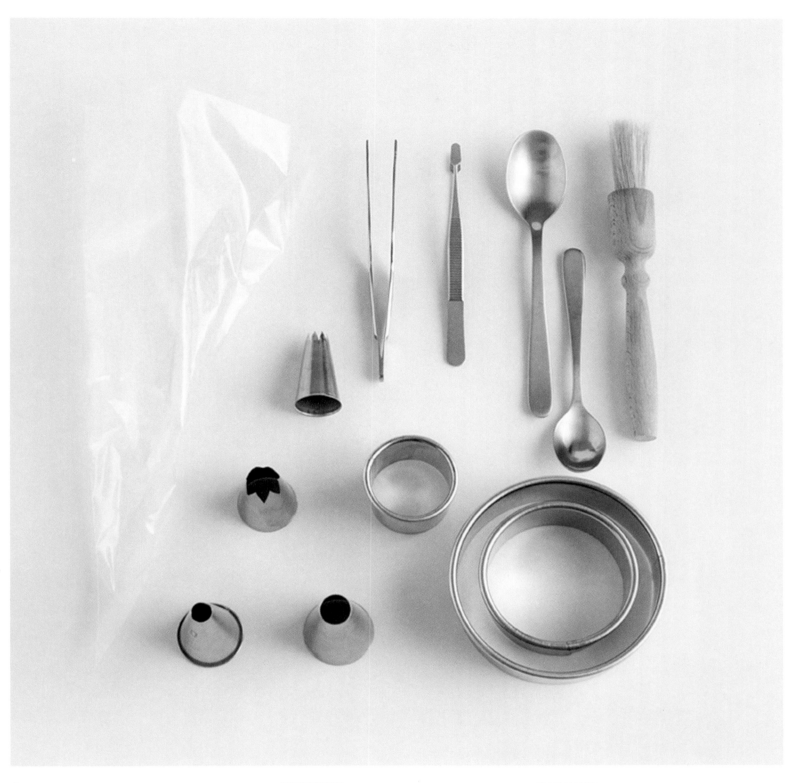

火

烹饪时温度可分为文火、小火、中火和大火，天然气、电、玻璃陶瓷的火力不同，烹饪时间也要随之灵活变化。

摆盘工具

裱花袋、裱花嘴、刷子等主要为了使食物更光滑，不同尺寸的圆形模具、勺子、拔毛钳是为了更好地摆盘。

成套厨房用具

炒锅

大号：20~22厘米
中号：16~18厘米
小号14厘米

煎锅

大号：26厘米
中号：22厘米
小号：20厘米

椭圆形炖锅

中号：22厘米
大号：30厘米

炒锅

扩口形锅，易于搅拌食材。

煎锅

锅口较低，易于煎食材。

菜谱目录

配料索引

图书在版编目（CIP）数据

看图学西餐 ：法式料理技巧自学全书 ／（法）玛丽
安·马格尼-莫海恩著 ；张静雯译. — 北京 ：北京美术
摄影出版社，2018.3
　　ISBN 978-7-5592-0104-1

　　I. ①看… II. ①玛… ②张… III. ①食谱—法国
IV. ①TS972. 185.65

　　中国版本图书馆CIP数据核字（2018）第003678号
　　北京市版权局著作权合同登记号：01-2016-3713

责任编辑：董维东
助理编辑：杨　洁
责任印制：彭军芳
装帧设计：北京利维坦广告设计工作室

看图学西餐
法式料理技巧自学全书
KAN TU XUE XICAN
[法]玛丽安·马格尼–莫海恩　　著
张静雯　　译

出　　版　北京出版集团公司
　　　　　北京美术摄影出版社
地　　址　北京北三环中路6号
邮　　编　100120
网　　址　www.bph.com.cn
总 发 行　北京出版集团公司
发　　行　京版北美（北京）文化艺术传媒有限公司
经　　销　新华书店
印　　刷　北京汇瑞嘉合文化发展有限公司
版印次　2018年3月第1版第1次印刷
开　　本　787毫米×1092毫米　1/8
印　　张　36
字　　数　300千字
书　　号　ISBN 978-7-5592-0104-1
定　　价　189.00元

如有印装质量问题，由本社负责调换
质量监督电话　010-58572393